Philosopher's Stone Series

哲人石丛书

立足当代科学前沿

彰显当代科技名家

绍介当代科学思潮

激扬科技创新精神

策　划

哲人石科学人文出版中心

当代科普名著系列

Cerveau et Nature

Pourquoi Nous Avons Besoin de la Beauté du Monde

大脑与自然

为什么我们需要世界之美

[法]米歇尔·黎文权　著

杨　冉　译

上海科技教育出版社

对本书的评价

◇

作者带我们见识了自然对大脑健康的积极作用,更重要的是,引领我们重新思考人类与生命的关系。

—— *Psychologie Positive*

◇

在这部作品中,作者证明了自然环境对人类健康的决定性影响,并呼吁将其摆在日常生活中更重要的位置。

—— *Le Temps*

◇

文中以新颖的方式引用了自然主义作家的诗篇,他们比科学家更早用文字传达出大自然既是美的灵感之源,更是幸福的源泉。

—— *Sciences et Avenir*

◇

作者以翔实丰富的论证,奠定了思考的基础,也就是重新将生命摆在我们日常生活的核心位置。

—— *Cerveau & Psycho*

内容提要

为什么在森林里散步能减轻压力？为什么大海能让人感到放松？你知道什么是本体感觉吗？我们如何才能体验到这种感觉？为什么"漂浮感"能减轻患者的痛苦？你知道黎明时分的喜悦是有生物学渊源的吗？大自然万花筒般的色彩为画家们所称道，那么当我们体验色彩之美时，大脑里发生了什么？

我们隐约感觉到，世界之美能给人类带来诸多益处，但我们并不能完全了解迷人的科学在其中能起到的各种微妙的作用。现在是时候揭示这一点了。

本书以引人入胜的方式介绍了大自然在生理、认知和心理等各方面为健康带来的益处，还探讨了涉及5种感官的实验以及不同环境下感官的作用机制。当我们沉浸在大自然中时，大脑内部和周围会发生什么？作者列举了历史上科学家揭示自然对大脑作用的多项实验及发现，为我们上了一堂精彩的科学史课。还有最新的神经科学研究成果，让我们体会到与动物对视的必要性、让孩子接触微生物的重要性，以及倾听山林寂静和凝视星空的意义。

相信读者能够通过本书,更深刻地理解"为什么我们需要世界之美",并在充分了解科学事实的基础上,更加珍惜大自然给身心健康带来的宝贵财富。

作者简介

　　米歇尔·黎文权（Michel Le Van Quyen），法国神经科学家，法国国家健康与医学研究院（INSERM）研究员，就职于生物医学成像实验室，著有《头脑的力量》（*Pouvoirs de l'Esprit*）、《改善大脑》（*Améliorer son Cerveau*）、《大脑与宁静》（*Cerveau et Silence*）等书。

献给我亲爱的孩子们：

埃利诺尔（Ellinor）、拉斐尔（Raphael）和加布里埃尔（Gabriel）

目 录

◇ 第一章

我们的大脑需要自然

社交生活和出行的频率减少了,屏幕使用时间和面对疾病时的恐惧增加了,数月以来*,新冠疫情让我们在心理上饱受折磨,极大地影响了人们的精神和健康。让我们一起回顾这段历程,试着理解其中的机制和影响。

2020 年 3 月,全球有超过 30 亿人处于隔离中。对于大多数人来说,那是一段可怕的经历,它带来了巨大的心理冲击,堪称一次全球性的创伤。在那些紧闭的门后,在那隔绝的环境中,许多人的生活失去了意义。痛苦、抑郁、被遗弃感也伺机攻击那些最脆弱的人。自从进入这段史无前例的居家隔离期,时间仿佛停滞了一般,忧虑的阴影笼罩着我们的日常生活。

看不到真实鲜活的人,最多只能看到被口罩挡住的脸,无法读懂人们脸上的表情或者捕捉微笑,这给人带来了深深的挫败感乃至痛苦。经过了几个月的公共卫生紧急状态以及社交距离限制之后,许多人的心中都滋生出一种强烈的不安。这场危机凸显出他人的存在以及与他人的直接接触在日常生活中的重要性。我个人也十分怀念漫步在城市之中,坐在咖啡馆的露台上看着人来人往的时光。居家的日子让人们

---

* 原书的出版时间为 2022 年 2 月。——译者

更加清楚地意识到什么对我们来说是最重要的,许多我们曾认为无关紧要的小事并非真的毫无意义。

出乎意料的是,另一种缺失感也悄然出现,那就是自然的缺失。在第一次隔离初期,我被困在巴黎的一间小公寓里,只能通过远眺附近广场上的几棵树来"呼吸"。你们可能也有类似的经历,毕竟在巴黎或是在法国其他人口密集的大城市,尤其是在最贫困的街区,能够接触到绿地始终是一种奢侈。数据本身就说明了问题:在法兰西岛大区或在其他人口密集的地区,人均仅享有1平方米的林地和自然空间,而且这个平均值还在不断下降*。隔离期间的种种措施使得进入公园或花园难上加难,好几个城市的市政府甚至直接关闭了当地的公共绿色空间!这使得数月内大部分城市居民只能盯着电脑屏幕,几乎完全与自然隔绝。

这类限制措施很快遭到了反对。早在2020年春季,法国环保媒体*Reporterre*就发起了一项名为"保障民众接触自然渠道"的请愿,并迅速收集到了超过20万份签名支持**。作为支持者之一,法国精神医学专家安德烈(Christophe André)强调,户外散步不但没有传播病毒的风险,反而能为那些没有阳台或花园的人提供获得平静和恢复活力的机会。巴黎圣安娜医院医疗教学中心的精神病学专家也指出,被迫待在家中可能会对人的情绪产生严重影响,造成精神疲劳***。

---

* C. Tedesco, "La nature en ville. Base pour un carnet pratique", Institut d'aménagement et d'urbanisme – Île-de-France, 2014.

** B. Fernandez, S. Petitdemange, "Pour un accès responsable à la nature en confinement", *Reporterre*, 2020 (https://reporterre.net/Il-faut-autoriser-l-acces-aux-espaces-naturels-pendant-le-confinement).

*** S. K. Brooks, R. K. Webster, L. E. Smith, L. Woodland, S. Wessely, N. Greenberg, G. J. Rubin, "The psychological impact of quarantine and how to reduce it: rapid review of the evidence", *The Lancet*, 395 (10 227), 2020: 912–920.

在第一次隔离期之后，人们各项心理健康指数都证实了这一忧虑。根据第一轮回顾性调查，近三分之一的法国人在隔离期间感觉处境艰难，尤其是那些居住空间过度拥挤的人*。相反，那些能够进行户外活动的居民对这一时期的体验就相对好一些。一项在第一次隔离期期间进行的研究**更是证明了这一点：偶尔出门走走并远离屏幕，让许多人减轻了被困在家中的焦虑和压力。这也许就是为什么突然有大量的城市居民迷上了慢跑。

另一个研究结果也值得关注：一般而言，住在带有花园或一小块花圃的房子里的居民，比不具备这种居住条件的人更容易度过这段艰难的时期。哪怕没有花园，许多人也意识到，利用出门活动的时间到家附近的绿地走一走可以减少压力和不确定感。

世界末日的氛围

矛盾的是，尽管隔离期切断了我们与自然的部分联系，但人类活动的停止让城市仿佛变成了森林。环境噪声值降低之后，我们在窗前就能听到鸟儿的婉转曲调。根据巴黎噪声监测机构（Bruit Paris）的数据，法兰西岛大区白天的噪声值降低了50%—80%，即5—7分贝，夜间甚至降低了90%，巴黎市内某些大道上的噪声值仅为9分贝。一些野生动物如野猪开始在阿雅克肖市内大摇大摆地游荡，巴黎的拉雪兹神父公墓

---

* C. Grandré, M. Coldefy, T. Rochereau, "Les inégalités face au risque de détresse psychologique pendant le confinement. Premiers résultats de l'enquête COCLICO du 3 au 14 avril 2020", *Questions d'économie de la santé*, 249, IRDES, 该研究由法国国家统计与经济研究所开展。

** S. Stieger, D. Lewetz et V. Swami, "Emotional well-being under conditions of lockdown: an experience sampling study in Austria during the COVID-19 pandemic", *J. Happiness Stud.*, 2021.

甚至还出现了一只狐狸！动物的现身让这种几乎带有末日气息的氛围多出了些许温情。在大城市空荡荡的街道上*,一些人在独自散步时体验到了寂静的美好,这些都是新奇而令人震撼的经历。

然而,首次临时性封控结束后,随之而来的新一轮限制措施延长了人们内心的不安,心理状态的每况愈下让我们想要逃到大自然里去的渴望更加强烈。一项大型调查** 显示,人类,尤其是女性,渴望借助自然的力量来应对疫情。总而言之,这次疫情带来的冲击的规模之大,颠覆了现代人的生活方式,迫使我们重新思考什么才是最重要的。毋庸置疑的是,自然是个人幸福的必要因素。这种觉醒甚至令一些人选择离开城市,正如新闻媒体频频报道:巴黎市民因疫情搬至外省,寻找理想生活。

为什么自然空间在这个困难时期如此重要?原因很简单:自然为我们"充电",为我们"注入它的能量",让我们"暂时忘记内心的忧虑和冲突"***。它带给人们深刻的情感体验,从而释放压力,提升幸福感。在与自然接触时,往往会发生一些独特的事情……谁不曾被从未见过的美景震撼到无法呼吸?自然之美触动心灵,令人着迷。落日、星空、绿意盎然的山谷都能美到令人词穷。而且,与其他让人感到幸福的情况不同,自然是一种持续不断的愉悦之源,永不枯竭。

我在森林中尤其能体会到这种独特的效果。一有空,或者觉得疲

---

* L. Belot, "Confinement: 'L'exposition au bruit et au silence est très inégalitaire'", *Le Monde*, 28 mars 2020.

** L. Bourdeau-Lepage, "Le confinement, révélateur de l'attrait de la nature en ville", *The Conversation*, 19 octobre 2020 (https://theconversation.com/le-confinement-revelateur-de-lattrait-de-la-nature-en-ville-147147).

*** C. André, "Notre cerveau a besoin de nature", *Cerveau & Psycho*, novembre-décembre 2012.

怠时,我就会回到森林中。每次只要看到树木,当下的忧虑,尤其是与他人的冲突带来的烦恼,就都显得微不足道,乃至烟消云散。法国哲学家拉克鲁瓦(Alexandre Lacroix)也曾好奇为什么人在自然景观面前会感受到如此多的情感,他写道:

> 风景是不断变化的万象,因其流逝从未枯竭。自然是一个不断自我更新的多元宇宙。*

时刻、天气和季节,将自然打造成一幅拥有流动色彩的迷人画作。

在幻想与现实之间

居家隔离期让我们重新认识到,自然给我们带来的感官体验是如此不可或缺,但这种深刻的情感很难用言语准确描述。因此,我们不可避免地掉入种种以"自然的感觉"为名号的陷阱,它们迎合了人们心中有些天真的理想化设想。

不过,在人们对绿色的渴望背后,的确藏有某种幻想。这是一个"自然状态"的神话,是对原始的、美好的状态的幻想,可以追溯到人类的早期。别忘了亚当和夏娃的故事就始于一个花园,最后以他俩被逐出花园而告终。自19世纪工业文明兴起,人们在外界的影响下产生了自然具有救赎性质的观念,但这种自然是典型的现代化的自然,是集体想象的产物,它与真正的野生世界相去甚远。

幻想并非禁忌,只是这些幻想如此动人,以至于一些人抛弃一切,逃离现有的生活。新冠疫情更是加剧了这一趋势。带着"回归自然"的想法,一些人前往森林里生活**,但在一些临时栖息地,这场冒险有时会演变成一场噩梦。泰松(Sylvain Tesson)就曾独自一人在西伯利亚的一

---

* A. Lacroix, *Devant la Beauté de la Nature*, Allary Éditions, 2018.

** É. Cortès, *Par la Force des Arbres*, Éditions des Équateurs, 2020.

间小木屋内生活了6个月*。这种鲁滨逊式的尝试即使是短期的,也并不新鲜了。最著名的一例便属梭罗(Henry David Thoreau)在其著作《瓦尔登湖》(*Walden, or Life in the Woods*)中讲述的故事。他自1845年起在美国缅因州的森林中与世隔绝地生活了两年零两个月零两天。这次经历于他,是重返失去的天堂或最初的黄金年代。在近两个世纪后的现在,由于对生态系统的担忧和环境危机的加剧,使得人们对寻求这种意义的渴望更加迫切。

然而,渴望自然并非只有积极的一面,它也可能导致过度的行为。首先,它会刺激消费,商家们已经瞄准这个突破口蜂拥而入了。由于缺乏与自然的接触,城市居民转而购买有机食品、本地产品或素食。各种咨询公司也伺机进入这个利润丰厚的市场。对自然的渴望让人们不惜重金在巴黎市区的自然疗法中心享受昂贵的护理服务。当人们置身于森林中时,光是观赏树木已经不能满足人们的需求,我们希望获得更强烈的体验,如拥抱树木、环抱树木,甚至住在临时的木屋中。

尽管这些行为的真诚性和矛盾性有待商榷,但我们在大自然中感受到的幸福不是一种幻觉,它是真实存在的。其实,我们并非只有远赴西伯利亚或缅因州才能体会这种焕然一新的感觉。日常生活中的自然环境足以带来这番感受,即便是在城市中!别再执着于尼亚加拉瀑布或者科罗拉多大峡谷了,与其寻求壮观的美景,不如先停下来感受一小块草坪带来的片刻安宁。它同样能产生持久、显著且有益身心的效果。

本书讨论的正是这种**自然**。诚然,这种自然环境经过了数千年的人工塑造,看似安全且无害,但这并不重要。重要的是它提供了一处休息和静心的空间,仿佛一面看不见的墙,为人们抵挡了生活中的压力和烦恼。

---

* S. Tesson, *Dans les Forêts de Sibérie*, Gallimard Folio, 2011.

为了研究**自然**对身体和心理的影响，首先要明确这个术语的含义。当我们谈论这个理想化的概念时，到底在讨论什么？这个问题并不容易回答，因为该术语涵盖了众多意思，有些甚至是矛盾的。拉鲁斯词典对"自然"这个词甚至有14种定义！科学家往往倾向于使用更具技术性的术语，如"生物圈""生物多样性"或"生态系统"。在本书中，我将继续使用"自然"一词，因为它简洁明了，又能突出这一概念的包容性。

因此，当我提到自然一词时，我主要指的是整个自然界，但不包括人类的创造和对自然的改造。换言之，自然与人工相对。它包括所有自然现象，如森林、牧场、海洋和山脉；除了物质，它还包括植物和人类在内的所有动物。这一广泛的概念接近于"自然环境"的定义，主要指人类几乎没有干预过的大型"户外"区域。

从绿色空间到灰质

细细想来，人类曾经长期生活在自然环境中，后来才逐渐与它疏远。如今，全球近70%的人生活在城市中，而1900年时仅为15%。在法国，农村人口外流导致乡村大量荒废，如今，四分之三的法国人居住在城市中。虽然人口外迁的现象在历史上一直存在，但近200年来工业革命的发展让大量人口加速涌向城市。与人类所属物种——智人的历史相比，200年是很短暂的。根据迄今为止在摩洛哥发现的最古老的智人化石，即杰贝尔依罗人，智人大约在30万年前在非洲出现。

数十万年的进化难以在短时间内被替代。对于已经习惯了自然环境的人类大脑而言，200年的时间远不足以让它适应现在这种全新的生活环境，一个完全人造的、充满了信息、噪声和各种刺激的环境……我们生活的环境从绿色骤然变成钢筋水泥的灰色，但我们的大脑并没有改变，它在很大程度上还是那个旧石器时代非洲大草原上狩猎采集者的大脑。

例如，1868年在法国西南部多尔多涅省克罗马农洞穴发现的一具保存极好的智人头骨，就证实了现代人与祖先大脑的相似性。这是一个约50岁男子的头骨，他在当时已算年长者。根据对同时出土的工具和装饰品的测年，考古学家推断其生活年代大约在公元前26 000年。因此，这是最古老的欧洲智人化石之一。与现代人的大脑对比发现，自克罗马农人时代以来，人类的大脑组织几乎没有变化，两者的大脑体积相近，都在1350立方厘米左右。据此研究人员一致认为，克罗马农人就是现代人。

30 000年前，尽管末次冰盛期气候条件非常严酷，但温暖的多尔多涅河谷为旧石器时代晚期的祖先提供了条件优越的生活场所。那里的气候很适合狩猎采集者，附近有水源、燧石矿床以及供反刍动物取食的草地。人类在此与驯鹿、马、野牛、披毛犀等动物共同生活，这些动物在拉斯科、肖维或科斯奎洞穴的壁画上都有出现。

在这些最早期的艺术作品中，尽管对动物的描绘明显多于植物，但也足以证明自然是灵感的不竭源泉。从艺术杰作中可以看出，人类祖先与其他生物渊源深厚。壁画体现了人类与自然环境的亲密关系，这种关系深刻地塑造了人类并影响其基本行为。

一些研究人员甚至认为，自然的这种吸引力在进化过程中为人类筛选出了对其生存有利的特质，从而赋予人类竞争优势，如寻找饮用水、识别可食用植物或跟踪动物的能力。这些特质很可能对现代人的基因遗传也产生了影响。当然，对自然的亲和力远不只是为了满足基本的物质需求，它还包括对美学、认知乃至精神上的追求。因此，自智人这一物种出现以来，自然已经深深地刻印在我们体内。

这种说法可有证明？其中一个例子就是人们对某种类型的自然景观有天然偏好，且这种偏好无法用任何个人或文化品位去解释。两位进化心理学研究员法尔克(John Falk)和鲍林(John Balling)通过一项著名的实验得出了上述结论*。他们向来自美国、欧洲和撒哈拉以南非洲3个不同大陆的受试者展示了以下5种生态系统(图1.1):热带森林、沙漠、针叶林、稀树草原和阔叶林。你也可以参与这个实验,看看图中的5种风景中最喜欢哪一种? 你很有可能会选择稀树草原,就像法尔克和鲍林实验的受试者一样。

根据这项研究,研究人员提出了一个假说:智人长期适应原始环境的过程决定了我们对某些类型自然景观的自发偏好。事实上,早在多尔多涅省的克罗马农人之前,人类的历史很有可能在非洲的稀树草原上就开始了。对于我们的祖先来说,这种树木稀少的开阔景观完美地符合了他们的生存需求:开阔的视野便于发现远处的猎物(尤其是反刍动物);必要时能卧倒在草丛中躲避捕食者;树木不太高,果实也易于采摘。

即使在今天,观赏这种类型的景观仍能激发来自内心深处的幸福感。这是一种直觉或本能,它告诉人们,在这种自然环境中,我们的生存条件是有保障的。因此,对这种景观的情感反应是由人类作为狩猎采集者的共同历史所决定的,它是人类与稀树草原环境资源之间长期协同进化的结果。

健康的来源

1984年,乌尔里克(Roger S. Ulrich)教授发表了一项著名研究,再次证明了人对自然的本能倾向(这个词用得并不夸张,你稍后就会明白)。该研究发表在美国著名的《科学》(Science)杂志上,题为《窗外的风景有助于术后康复》(View through a window may influence recovery

---

* J. D. Balling, J. H. Falk, "Development of visual preferences for natural landscapes", *Environment and Behavior*, 14, 1982: 5–28.

图 1.1 你最喜欢哪种景观？热带森林、稀树草原、沙漠、针叶林还是阔叶林？

from surgery）。乌尔里克在青少年时期患有肾病，不得不整周整周地卧床休养。在漫长的康复过程中，他逐渐注意到，透过窗户看到的一棵大树竟可以帮助他与病魔作斗争。于是他开始思考，患者从病房看到的景色是否对他们的康复有影响。

成年后，他始终放不下这个问题。于是，他用10年的时间收集了美国多家医院接受过腹部外科手术的患者的相关信息。结果相当惊人：当患者从所住病房能看到自然景观而不只是对着一堵墙时，往往恢复得更好！他们需要的止痛药更少，平均能够提前1天出院。

继这项开创性的研究之后，大量研究进一步证实了绿色景观对身体健康的影响。研究人员在服刑人员身上也观察到了这种现象*。与其他囚犯相比，那些能从囚室窗口看到风景的囚犯请求医疗帮助的频率更低。类似的实验还证明，贴在墙上的自然景观海报也有同样积极的效果。因此，人天生就会对自然的视觉刺激作出积极反应，无论这种景观是真实的还是人造的。

同样，流行病学研究也揭示了自然对疾病发病率的影响。以荷兰的一项大型研究**为例，研究人员将35万人的医疗档案与其住所附近1千米内的环境进行了比较。排除所有偏差后的结果表明，那些居住在自然环境更丰富地区的人，患某些疾病的概率较低，尤其是糖尿病、泌尿系统感染、肠道感染、偏头痛、头晕、哮喘、上呼吸道感染、冠心病、颈背痛等，不胜枚举。

此外，一些研究还证实了自然，特别是居住区内的自然环境对心理

---

* E. O. Moore, "A Prison environment's effect on health care service demands", *Journal of Environmental Systems*, 11, 1981: 17-34.

** J. Maas, R. A. Verhei, S. de Vrie, P. Spreeuwenberg, F. G. Schellevis, P. P. Groenewegen, "Morbidity is related to a green living environment", *Journal of Epidemiology & Community Health*, 63 (12), 2009: 967-973.

健康的影响。根据各种研究,居住区内的绿地越多,居民的心理健康状况越好*。有研究甚至表明,心理健康状况直接与住所和城市公园之间的距离有关。当这个距离超过400米后,居民出现心理问题的风险开始增加,而这些心理障碍在距离增加前本不存在**。

相反,即使只是偶尔接触绿色空间也足以带来积极的效果。这是近期发表在《自然神经科学》(*Nature Neuroscience*)杂志上的一项研究得出的结论***。研究人员邀请50多位城市居民在一周时间内用手机应用程序评估自己的情绪,平均一天测试9次。根据手机的地理定位功能,研究人员能知道受试者当天是否经过了绿色区域。结论非常明确:即使只是短暂地接触城市中的绿色空间,也能直接提升受试者的幸福感。

根据世界卫生组织(WHO)的定义,健康是"在身体、精神和社会适应方面都处于完全健康的状态,而不仅仅是没有疾病"。这正是自然环境所能提供的条件。正如我将在本书中详细阐述的那样,哪怕只是暂时地接触自然,都能在各个方面给健康带来益处,包括生理方面(如身体机能的恢复)、认知方面(如创造力和注意力的改善、智力表现的提升)和心理方面(如感到快乐,减少精神困扰、焦虑和抑郁)。此外,这也是2019年《科学进展》(*Science Advances*)杂志上一篇由全球26位科学家

---

* M. Van Den Berg, W. Wendel-Vos, M. Van Poppel, H. Kemper, W. Van Mechelen, J. Maas, "Health benefits of green spaces in the living environment: a systematic review of epidemiological studies", *Urban Forestry & Urban Greening*, 14(4), 2015: 806–816.

** R. Sturm, D. Cohen, "Proximity to urban parks and mental health", *The Journal of Mental Health Policy and Economics*, 17 (1), 2014: 19–24.

*** H. Tost, M. Reichert, U. Braun, *et al.*, "Neural correlates of individual differences in affective benefit of real-life urban green space exposure", *Nature Neuroscience*, 22(9), 2019: 1389–1393.

共同撰写的文章的主要结论之一,这篇文章是一份强调接触自然的积极影响的真正宣言*。

科学家一致认为,当我们直接体验自然时,它带来的益处最为显著。与自然的身体接触能成倍放大其带来的好处,最好的方式就是完全沉浸其中,亲身感受,而不是以虚拟的方式进行。很多体验包括森林漫步、面朝大海、水上漂浮、观赏日出等都能调动5种感官。我们将在接下来的章节中一一探讨上述体验并揭示其背后的机制。尽管这些情境对大脑的影响各不相同,但它们都能将我们带回人类文明的起源,回到那个人与自然元素融为一体的时代。这也是人类能从这些体验中受益的根本原因。

* G. N. Bartman, C. B. Anderson, M. G. Berman, *et al*., "Nature and mental health: an ecosystem service perspective", *Science Advances*, 5（7）, 2019: 1–14.

◇◆◇ 第二章

森林漫步

哪位法国作家最能准确描述在森林中散步后所获得的充实感？那非卢梭（Jean-Jacques Rousseau）莫属，他爱好户外活动，经常前往巴黎附近的蒙莫朗西森林散步并从那里带回植物标本。在其众多作品中，卢梭多次提到林中散步带来的幸福感，以及与自然的连接感，他对这种体验的描写在《一个孤独漫步者的遐想》（*Rêveries du Promeneur Solitaire*）中达到了顶峰。他在书中坦言：

> 沉思者的灵魂越是敏感，他就越陶醉在这种和谐所激发的狂喜之中。一种柔和而深沉的遐想占据了他的感官，这空间的美丽与无垠让他沉浸其中，如痴如醉，感觉自己与之融为一体。*

如果卢梭生活在中世纪，那他可能就写不出这番感想了，因为那时的森林令人恐惧。它是一片无主之地，人们不敢轻易进入，生怕在那里迷路或碰上野兽。尤其是，森林不仅仅因为其真实的危险而令人畏惧，更因为它是故事的发源地，是投射恐惧、传说、传统或想象的地方。出

---

* J.-J. Rousseau, *Rêveries du Promeneur Solitaire*, Septième promenade, Le Livre de Poche, 2001.

于以上原因,森林自古以来就形成了既神秘又充满历史感的形象*。

如今,森林不再令人恐惧,也不再是吞噬迷路者的怪物。此外,人类与森林的关系在过去几个世纪里也发生了很大的变化。大多数所谓的"原始"森林实际上是由人类改造或是完全虚构的,如亚瑟王传说中的布劳赛良德森林就只存在于文学作品中。世界上几乎没有任何一片森林是人类从未涉足、未加改造或开发的。与传说相去甚远的是,如今的林业工作者谈论的是"森林多功能性"。这个词强调了各类森林"使用者"的不同需求,这取决于他们是森林的业主、农民、猎人、徒步旅行者、鸟类学家还是运动员。

尽管森林已经成为一片安全且人们熟悉的区域,但在我的眼中,它仍然保留着一些神秘。在森林深处行走的体验是独特的。这就像一场感官盛宴,让人深入由气味、声音乃至触觉刺激构成的世界。腐殖土的清香、叶子的沙沙声和微风的轻拂让我们沉浸其中。日本人非常贴切地用"森林浴"(shinrin-yoku)来形容在森林中的漫步。为了获得更好的体验,他们建议缓慢地行走,时不时停下脚步,尽情感受,陶醉在感官带来的每一种信息中(当然,手机和相机都要留在家中)。

没有什么比一次林中漫步更能让人放松的了。卢梭之所以赞美它,是因为独自漫步让外部自然与内在世界在一种独特的流动中相遇,一种在步伐的节奏中产生和维持的流动。不管是不是哲学家,我们都体验过身体与心灵融合的时刻。但为什么简单地在森林中散步对人的身心健康会有如此积极的影响?这背后的机制是什么?

---

* 美国斯坦福大学的哈里森(Robert Harrison)教授在其2010年由弗拉马里翁出版社出版的著作《论森林之于西方的想象》(*Forêts, Essai sur l'Imaginaire Occidental*)中阐述了这一过程的历史。

幸福感的根源

这么说尽管可能会让浪漫主义作家不悦,但从非常实际的角度看,这些益处可以通过神经生理学的知识来解释。森林带来的平静感源自我们大脑中最古老的一部分,即自主神经系统,也被称为植物神经系统(注意植物一词在其中的应用)。它不受我们的意志控制,负责调节机体的生命活动。如果我们仔细观察大脑,会发现它具有遍布全身的分支网络。许多非常重要的神经从大脑发出,延伸至人体的器官和不同组织。古希腊罗马时期的解剖学家已经发现了这种被称为周围神经系统的结构,其中最著名的一位就是盖仑(Claudius Galen)。当他对动物进行精细解剖时,一条沿脊柱排列的双链神经节引起了他的关注。这些神经节是一些小的神经元囊,支配着内脏器官。

然而,直到20世纪初,科学家才终于明白这个神经网络的运作机制。英国生理学家兰利(John Newport Langley)证实了盖仑的观察,并进一步发现这个系统由两大分支,即交感神经系统和副交感神经系统构成,它们均参与到各项机体功能的自主调节(即无意识调节)中,包括心率、呼吸、消化功能、平滑肌张力等。

这两个系统交替活动。当人处于恐惧、愤怒或感到压力时,交感神经系统被激活。它刺激位于肾脏上方的肾上腺,向全身释放肾上腺素、去甲肾上腺素和皮质醇,为身体提供行动所需的能量。此时,大脑处于警觉状态,随时准备战斗或逃跑。这就是我们在充满压力的各种情况下所感受到的"热血沸腾":肌肉变得紧张、心率加快、皮肤血管收缩;血液回涌向肌肉和大脑,让它们为行动做好准备。

相反,当人处于休息状态时,副交感神经系统能够让机体的生命机能得到恢复。它让身体机能整体减缓。就像管弦乐队的指挥一样,它指挥身体降低心率、放缓呼吸、降低血压。正是在副交感神经系统的作用下,人们才能够在行动后进行放松、消化乃至入眠。

正常情况下,交感神经系统和副交感神经系统是交替工作的,当一个系统被激活时,另一个系统处于待命状态,反之亦然。想象一位正在开车的驾驶员,他的脚从油门移动到刹车,但他永远不会同时踩下两个踏板。副交感神经系统就像刹车,交感神经系统则是油门。我们的身体每时每刻都在通过产生各种分子信使来调整这微妙的平衡,如各种激素(肾上腺素、皮质醇、肾素、胰岛素等)、神经肽、细胞因子,以及其他激活或抑制细胞活性的物质。维持这种平衡有助于保障各项生理功能的良好运行,包括能量代谢、心血管和呼吸功能、器官和内脏的运作、内分泌平衡和免疫防御。

我详细讲述了自主神经系统,因为正是通过这个系统,森林对人体的健康产生了强大的有益作用。两者之间的联系是在2004年被发现的,源于当时在日本开展的多项有关森林环境对人类健康影响的研究[*]。该领域的先驱之一是来自日本医科大学的李卿教授[**]。他和他的团队将受试者分为两组,一组安置在森林中,另一组在城市里,然后,在一天中的不同时刻(醒来时、散步前后、观赏自然前后)采集受试者的血液样本,以确定环境是否对生物参数有影响。结果表明:与在城市中行走相比,当人们漫步于森林中时,副交感神经的活动(即调节放松的神

---

[*] B. J. Park, Y. Tsunetsugu, T. Kasetani, T. Kagawa, Y. Miyazaki, "The physiological effects of Shinrin-yoku (taking in the forest atmosphere or forest bathing): evidence from field experiments in 24 forests across Japan", *Environmental Health and Preventive Medicine*, 15(1), 2010: 18-26.

[**] Q. Li, T. Otsuka, M. Kobayashi, Y. Wakayama, H. Inagaki, M. Katsumata, Y. Hirata, Y. Li, K. Hirata, T. Shimizu, H. Suzuki, T. Kawada, T. Kagawa, "Acute effects of walking in forest environments on cardiovascular and metabolic parameters", *European Journal of Applied Physiology*, 111(11), 2011: 2845-2853.

经活动）增加了100%；而作为交感神经系统标志物的皮质醇的浓度下降了16%。

因此，当人们身处森林中时，副交感神经系统被激活，身体的生理活动整体放慢，整个人逐渐平静下来，在生理和心理上都感受到一种焕然一新的舒适感。仅仅一次森林漫步就具备这种魔力——使人平静下来，减缓呼吸的节奏和心率。

在这方面，大量研究已经证明了森林对心血管系统，尤其是在脉搏、血压和心率变异性方面的影响。多项日本研究表明，与城市环境相比，森林对以上因素有着积极且显著的作用[*]。

近期的几项研究还表明，这些作用在老年人群中尤为明显。在其中一项针对45—86岁人群的研究中[**]，研究人员为受试者配备了心脏活动监测设备。在森林中漫步后，数据显示，他们的心率和血压显著下降。这正是森林对副交感神经系统产生作用的证明。

有益的气味

森林是一个丰富的环境，当我们身处其中时，自然刺激着所有的感官，每种感官带来的感受都为森林那种宁静的"气场"贡献了力量。我们先来看看嗅觉，它是整个场景中的一个关键角色。一般来说，人在日常生活中更注重视觉和听觉而不是嗅觉（也许在做饭时除外）。事实

---

[*] C. Song, H. Ikei, Y. Miyazaki, "Elucidation of a physiological adjustment effect in a forest environment: A pilot study", *International Journal of Environmental Research and Public Health*, 12(4), 2015: 4247-4255.

[**] C. P. Yu, C. M. Lin, M. J. Tsai, Y. C. Tsai, C. Y. Chen, "Effects of short forest bathing program on autonomic nervous system activity and mood states in middle-aged and elderly individuals", *International Journal of Environmental Research and Public Health*, 14(8), 2017: 897.

上，人类的嗅觉并不发达。如果让你仅靠鼻子来准确定位周围某种气味的来源，你很有可能做不到这一点。

在过去的数十万年里，进化大大削弱了人的嗅觉能力。更何况我们现在生活在一个"视觉社会"中。屏幕、社交网络，甚至你正在阅读的这本书，所有这些信息主要都是通过视觉来传递的。我甚至觉得，是人类嗅觉系统的退化加剧了城市的环境污染，否则我们怎么能容忍空气质量变得如此糟糕。

让我们聊回森林。尽管你可能没有意识到，但嗅觉体验在森林漫步中占据着重要地位。此话怎讲？因为森林的空气中尤其富含一类特殊的有机分子，即植物杀菌素（phytoncide），它由俄罗斯生物学家托金（Boris Petrovich Tokin）于1928年发现并命名。植物杀菌素其实是树木释放到空气中的有机化合物的混合体，包括萜类化合物、蒎烯、龙脑、芳樟醇、柠烯等。它们的主要作用是保护植物免受有害细菌或真菌的攻击。

厨房里的很多食材都含有植物杀菌素。例如，大蒜中就含有一种非常强效的植物杀菌素——大蒜素，它的特点是气味浓烈且对细菌有很强的抑制作用。更通俗地说，植物杀菌素的气味就像一种温和的抗生素。因此，把林中漫步视为一种"天然抗生素疗法"也并非夸大其词。

但这些气味的影响还要更为深远，原因很简单：人的嗅觉中枢在解剖上与大脑的情感中枢，尤其是与一个名为杏仁核的脑部组织（见第三章）非常接近。正是在这一部位，大脑在气味、情感与回忆之间编织了强大的，甚至有时略显荒唐的联系。当我们闻到愉悦的气味时，带来宁静和幸福感的神经回路就会被激活。研究表明，一些气味如松树、雪松或柏树的气味，对幸福感有显著影响，甚至能缓解心理或精神疾病患者的症状*。植物杀菌素在情感神经元之间的联系上也发挥了特别的作用，这可能是因为这些分子曾帮助人类远古祖先发现对其生存至关重要的资源。

关于植物杀菌素对神经系统的作用机制，日本研究人员有了更进一步的发现**。他们证明，哪怕这些挥发性分子在森林中浓度不高且无

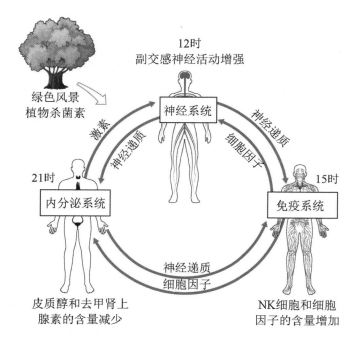

图2.1 森林对人体神经、免疫和内分泌三大系统产生影响，这3个系统不断沟通和合作以保证整体的功能和健康

---

* R. Z. Herz, "Aromatherapy facts and fictions: a scientific analysis of olfactory effects on mood, physiology and behavior", *International Journal of Neuroscience*, 119(2), 2009: 263–290.

** M. Kawamoto, K. Kawakami, H. Otani, "Effects of phytoncides on spontaneous activities and sympathetic stress responses in Wistar Kyoto and stroke-prone spontaneously hypertensive rats", *Shimane Journal of Medical Science*, 25, 2008: 7–12.

明显气味，也依然能直接作用于副交感神经系统，而后者正如前文所述，负责调节身体的恢复和放松机制。与此同时，植物杀菌素还会抑制交感神经系统，即对压力作出反应的系统的活动。这些天然分子很有可能就是通过这种机制来发挥对健康的积极作用。

最后，森林的芳香气味还对免疫系统有益处。针对柏树的植物杀菌素，李卿教授团队进行了一次特别精彩的论证*。他们的研究主题是植物杀菌素对一类参与免疫防御的白细胞的影响。这类白细胞被称为自然杀伤细胞（也叫NK细胞），因为它们能够识别并杀死病变细胞，如癌细胞或感染病毒的细胞。在该项研究中，研究人员让受试者每天在森林中散步约6小时，并在散步前后对其血液采样。结果显示，仅仅过了两天，受试者血液中的NK细胞数量就增加了50%！更令人惊喜的是，这种增长在一个月后仍然明显可测。

李卿教授团队随后在更可控的环境下测试了这类植物杀菌素的效果**。12名50多岁且身体健康的人士在一间酒店入住3晚。在这期间，每个房间内都放着一种日本扁柏香氛，其中含有一定浓度的柏树挥发物。因此，受试者在睡觉时都吸入了这种精油。经过测试，研究人员再次发现，受试者血液中NK细胞的数量和活性都有所增加。

由于NK细胞具有公认的抗肿瘤作用，研究人员提出，在森林中散步可能有助于预防癌症。然而，我们还需要进行大量的研究才能更好

---

* Q. Li, T. Kawada, "Effect of forest environments on human natural killer（NK）activity", *International Journal of Immunopathology and Pharmacology*, 24（S1），2011：39-44.

** Q. Li, M. Kobayashi, Y. Wakayama, H. Inagaki, M. Katsumata, Y. Hirata, K. Hirata, T. Shimizu, T. Kawada, B. J. Park, T. Ohira, T. Kagawa, Y. Miyazaki, "Effect of phytoncide from trees on human natural killer cell function", *International Journal of Immunopathology and Pharmacology*, 22（4），2009：951-959.

地理解其中的复杂机制,尤其是特定树种的益处。总之,还有众多谜团尚未解开。尽管研究仍在进行中,可以明确的是,周末的一次林中漫步能增强人的免疫系统且效果可持续数周,从而使人免受感冒或流感等轻型感染的侵袭。

如何减少炎症

压力不利于健康。当然,适当的压力还是有必要的,它可以让身体产生适量的肾上腺素,从而帮助我们应对日常困难。不过,我们需要在压力与放松之间找到平衡。如果这个天平向一侧倾斜,那整个自主神经系统就会出现紊乱。当人陷入负面事件中无法走出,或被焦虑的想法反复影响时,就会处于一种持续的不良状态。原因在于与压力相关的激素(如皮质醇),这些激素在面对某些危险时至关重要,一旦过量分泌,它们就从有益变成有害了。

压力对心血管系统的不良影响尤其为人所知:长期处于压力之下的人群,患冠心病的风险会增加,甚至有因心血管疾病而死亡的风险,例如由其引发的卒中。一项回顾性研究*证明了这一点,该研究调查了来自52个国家的10 000多名心肌梗死患者。研究人员发现,与没有已知心脏问题的对照组相比,心血管疾病的发生与患者在发病前一年所承受的压力值存在统计相关性。

目前的研究还表明,长期压力的影响远不止于此:它还会直接影响大脑。但令人惊讶的是,这个机制涉及一种不同寻常的途径——炎症。炎症是身体的一种正常反应,是一种在受伤时保护自身的方式。当身

---

* A. Rosengren, S. Hawken, *et al.*, "Association of psycho-social risk factors with risk of acute myocardial infarction in 11 119 cases and 13 648 controls from 52 countries (the INTERHEART study): case-control study", *The Lancet*, 364(9438): 953-962.

体受到外部侵害(如感染、过敏或创伤)或内部攻击(如病毒)时,免疫系统通过炎症反应部署其前线军队:它通过血管将它的士兵——白细胞(尤其是一类被称为巨噬细胞的特殊白细胞)派遣至感染部位以对抗入侵者。我们能感受到这场战斗的早期迹象:皮肤发红、发热,并伴有一定程度的疼痛。但炎症反应的强度必须适中:既要足以消灭入侵者,又不能反应过度以免伤害机体本身;它还必须具有特异性,即只针对异物而不损害机体自身的分子。

这便是皮质醇的两面性。在正常情况下,这种由肾上腺产生的化合物具有抗炎作用。这也是我们将其用作药物的原因,常见的有可的松和皮质激素,它们能够治疗由许多疾病,如风湿病或自身免疫病引起的炎症反应,还能保护移植器官,减少排斥反应。因此,皮质醇能增强机体对抗入侵者的免疫防御功能。然而,美国匹兹堡的研究人员发现,当人体长期处于压力之下时,肾上腺会向血液中过度分泌皮质醇,反而导致其抗炎作用下降*。由于皮质醇的抗炎作用减弱,由感染引发的炎症会进一步发展,甚至难以痊愈。这就是说,在长期的压力之下,免疫系统的功能会下降。

当压力持续存在时,皮质醇还会导致另一种已知效应:引起某一类特殊的促炎性蛋白质在血液中释放,其中就有白细胞介素 IL-1 和 IL-6。这类蛋白质被称为细胞因子(cytokine,来自希腊语,cyto 指细胞,kine 希腊原文为 kino,意为运动),是由被病原体激活后的白细胞分泌的小分子蛋白质。细胞因子能帮助新的白细胞从血管扩散至感染部位,以清除潜在的入侵者。一般来说,所有细胞因子及其生成都由免疫

---

* S. Cohen, D. Janicki-Deverts, W. J. Doyle, *et al.*, "Chronic stress, glucocorticoid receptor resistance, inflammation, and disease risk", *Proceedings of the National Academy of Sciences*, 109(16), 2012: 5995–5999.

系统精准调节。然而,在有心理压力的情况下*,细胞因子过量分泌,越来越多的白细胞被激活,随后又产生更多的促炎细胞因子,由此形成恶性循环。总之,免疫系统过度运转,最终这种炎症反应变得对机体有害。

在新冠流行期间,你可能听说过免疫系统反应过度的现象。这种重度发炎的现象往往是许多重症的根源。免疫系统超速运转并最终转向攻击自身,尤其是针对肺部,让患者的生命陷入危险之中。不仅如此,在大脑层面,这场"细胞因子风暴"也能带来灾难性的后果,它们会干扰某些神经递质(如血清素或多巴胺),甚至在某些大脑区域(如下丘脑和海马)造成微损伤。事实上,不同的细胞因子的受体存在于神经元的表面,因此,过度激活神经元会对情绪或记忆等大脑功能产生一系列潜在的负面影响。这就是为什么一些重大疾病,如抑郁症或者阿尔茨海默病的出现与炎症有很大的关系。

相反,积极的情绪,如与自然接触带来的愉悦感,可以减少促炎细胞因子的产生。美国一项涉及200多名年轻人的研究就证明了这一点**。受试者在一天的时间里完成了一份心理健康自我评估问卷,问卷中要求他们回顾当天是否经历过像惊叹、愉快或喜悦这样的积极情绪。与此同时,研究人员还在同一天提取了受试者的口腔组织样本进行分析。结果表明,当天曾体验过多种积极情绪的人,尤其是对自然美景感

---

* Y. Miyamoto, J. M. Boylan, C. L. Coe, K. B. Curhan, C. S. Levine, H. R. Markus, J. Park, S. Kitayama, N. Kawakami, M. Karasawa, G. D. Love, C. D. Ryff, "Negative emotions predict elevated interleukin-6 in the United States but not in Japan", *Brain, Behavior, and Immunity*, 34, 2013: 79–85.

** J. E. Stellar, N. John-Henderson, C. L. Anderson, A. M. Gordon, G. D. McNeil, D. Keltner, "Positive affect and markers of inflammation: discrete positive emotions predict lower levels of inflammatory cytokines", *Emotion*, 15(2), 2015: 129–133.

到惊奇的受试者,其组织标本中作为炎症标志物之一的白细胞介素IL-6的水平最低。

森林可能正是通过这种途径,即减少炎症的毒性作用,来对人的大脑产生积极的影响。更具体地说,森林恢复了促炎细胞因子与限制其产生的因素(如皮质醇)之间的平衡,从而减少了前者的有害作用。通过这种调节,自然美景在某种程度上增强了人的免疫系统,改善了人体健康状况。相反,在压力常态化的城市环境中,炎症反应可能会加剧,从而诱发更严重的疾病,尤其是与大脑相关的疾病。

整理大脑才能更好地思考

森林浴对人的认知能力也有益处,但具体指哪种"认知"?认知是一个非常广泛的概念,包括智力、记忆力、集中注意力的能力、以有逻辑或创造性的方式学习或构建新概念的能力。所有这些任务都需要高度集中注意力并消耗大量的精力,如果持续时间太长,就会导致短期内的精神疲劳。别忘了,大脑就像肌肉一样,每天消耗超过20%的能量摄入*,比人体内的任何其他器官都多,而它的重量仅为1.5千克!智力疲劳通常会让注意力在几十分钟后骤降,随后,大脑的性能也会急剧下降,而我们不一定能意识到这一点。

那么大脑该如何恢复精力?就像我们的身体一样,它也是按照能量消耗和再生的周期来运作的。因此,为了保持效率,大脑需要交替进行高度集中精神的活动和能让它恢复"电量"的休闲活动。在过长的时间内保持专注,我们实际上是在要求大脑完成超出其能力的任务。在这种情况下,定期接触自然就成为恢复精力的时机。

---

* D. D. Clarke, L. Sokoloff, "Circulation and energy metabolism of the brain", *Basic Neurochemistry: Molecular, Cellular and Medical Aspects*, 1999: 637–669.

澳大利亚墨尔本大学的一项研究有了一个惊人的发现：单单是看到自然景观就能提高认知表现，尤其有助于提高注意力和专注力*。在这项实验室研究中，150名大学生按照要求尽可能快地用鼠标去点击屏幕上的移动目标。在两次操作之间，受试者有40秒的短暂休息时间，在此期间，他们会看到两种类型的图像：绿色的自然景观或混凝土屋顶。结果令人惊讶，那些看过自然景观的学生在第二次操作时表现更佳！与那些看了混凝土图片的受试者相比，他们的注意力水平提高了。这些结果证实，一次"绿色的休息"，哪怕只是几分钟，也足以让我们迅速恢复专注力。

有趣的是，上述认知效应也在实际生活中得到了验证。2015年，研究人员以2600多名生活在巴塞罗那的7—10岁学童为研究对象，进行了一项大型研究**。在一年的时间内，科学家研究了日常接触自然环境，包括住所周围的自然空间和学校里的自然环境对受试儿童的影响。经过分析，他们发现，孩子们的记忆力和专注力显著提高（图2.2）。研究人员在报告中总结道：

> 自然环境[……]为儿童提供了独特的学习机会，体现在参与、冒险、发现、创造力、应对情境和自尊心各个方面。它激发了包括惊奇在内的各种情感状态，增强了心理能力，而这些能力被认为对认知发展的各个方面都有积极影响。***

---

* K. Lee, *et al*., "40-second green roof views sustain attention: The role of micro-breaks in attention restoration", *Journal of Environmental Psychology*, 42, 2015: 182–189.

** P. Dadvand, M. J. Nieuwenhuijsen, *et al*., "Green spaces and cognitive development in primary schoolchildren", *Proceedings of the National Academy of Science*, 112 (26), 2015: 7937–7942.

*** O. Khazan, "Green spaces make kids smarter", *The Atlantic*, 2015（www.the-atlantic.com/health/archive/2015/06/green-spaces-make-kids-smarter/395924/）.

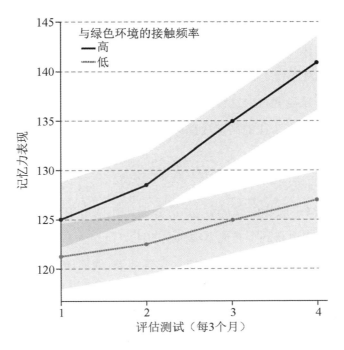

图2.2　学童的记忆力表现与其接触绿色空间的频率有关;两条曲线分别代表高频和低频接触:当接触自然的频率很高时,学童的记忆力表现明显更好

当森林治愈抑郁

自然还能作用于反刍心理,即反复回顾负面事件的习惯。尽管幻想和放空是大脑功能不可或缺的一部分,但在这些时候,我们的大脑有一个恼人的习惯,那就是回放相同的事件。我们常常会回忆起一些不愉快的事,比如和朋友的一次争吵、工作或家庭的烦恼、健康问题,总之就是那些让我们感到难过或焦虑的生活情境。

每个人都有过这样的经历,负面想法的精神入侵有时会持续几天几夜。争吵的场景、面孔、脱口而出的词、口是心非的话,不断在脑海中重复……更糟糕的是,越是想要赶走这些糟糕的想法,它们反而更频繁地浮现。在极端情况下,顽固的念头会变得非常严重。精神科医生称之为广泛性焦虑症(generalized anxiety disorder),它是某些精神疾病(尤其是抑郁症)的一种已知表现。

基于上述情况,美国斯坦福大学的研究人员发现,一次约1小时的森林漫步可以显著减少这种反刍心理*。科学家将受试者分为两组,一组沿着一条车来车往的高速公路(美国加利福尼亚州帕洛阿托市的El Camino Real大道)行走,另一组在一片点缀着橡树和灌木丛的草地上散步,两组均持续90分钟。随后受试者完成一份自我评估问卷。结果表明,在自然中漫步的受试者,心情普遍比在城市中行走的对照组要好! 这一发现也得到了其他多项研究的证实**。

但研究人员们没有止步于以上观察结果:他们还扫描了受试者在散步结束后的大脑并注意到,当受试者在自然环境中行走后,其大脑的某个区域活动减少了,这个区域就是前扣带回皮质(anterior cingulate cortex)。在那些有反刍心理和行走于城市中的人身上,这个区域表现为过度活跃(图2.3)。因此,森林漫步正是通过降低大脑这个区域的活跃度来抑制焦虑和强迫思维。

对这一现象是否还有更好的解释? 早在20世纪90年代,美国密歇根大学的研究员蕾切尔·卡普兰(Rachel Kaplan)就给出了一个令人信服的解释。她提出,森林景致以一种温和且不易察觉的方式吸引人的

---

* G. N. Bratman, J. P. Hamilton, K. S. Hahn, G. C. Daily, J. J. Gross, "Nature experience reduces rumination and subgenual prefrontal cortex activation", *Proceedings of the National Academy of Sciences*, 112(28), 2015: 8567–8572.

** D. Djernis, I. Lerstrup, D. Poulsen, U. Stigsdotter, J. Dahlgaard, M. O'Toole, "A systematic review and meta-analysis of nature-based mindfulness: effects of moving mindfulness training into an outdoor natural setting", *International Journal of Environmental Research and Public Health*, 16(17), 2019: 3202.

注意力,从而使人摆脱了那些挥之不去的想法*。这种吸引注意力的方式不要求任何精神上的努力,因为所有不可预测的细微变化,像树枝在风中的摆动、树叶颜色的变化,抑或是风的呢喃,都会自然而然地吸引人的注意。此外,这些自然刺激的强度较低,让人的感官得以放松,构成了所谓的"恢复性微观体验",有助于恢复人的注意力。

由此,我们便能更好地理解为什么森林浴可以成为治疗抑郁症的一种手段。韩国医生申元燮于2011年率先提供了这方面的实验证明。他在92名患有抑郁症的年轻酗酒者身上尝试了沉浸式森林疗法**。结果是鼓舞人心的:森林浴在治疗抑郁症状方面的成功率高达64%,比药物治疗约50%的成功率要高。凭借上述这些非凡的成果,2012—2017年,申元燮被任命为韩国山林厅厅长,在任职期内,他推出了一项森林医学计划。由此可见,森林不仅对身体有益处,它还能治愈心灵。

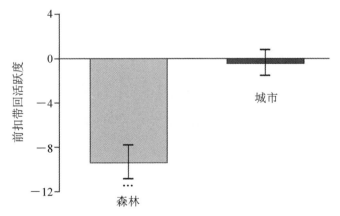

图2.3 森林可以降低与反刍心理相关的大脑结构的活跃度:当人们陷入焦虑并不断重复思考相同的问题时,这些结构通常会过度活跃

* R. Kaplan, S. Kaplan, *The Experience of Nature–A Psychological Perspective*, Cambridge University Press, 1989.

** W. S. Shin, C. S. Shin, P. S. Yeoun, "The influence of forest therapy camp on depression in alcoholics", *Environmental Health and Preventive Medicine*, 17(1), 2012: 73–76.

总而言之，以上研究验证了传统智慧长期以来的主张：在自然中度过一些时间可以放松精神。它减少了人类心理痛苦和抑郁的主要来源——那些反复思考的念头，也就是我们脑中的"循环思维"。

一个孤独大脑的遐想

如果你准备进行一项创造性活动但想象力告急，不妨到森林里走一走！因为森林漫步能激发创造力。美国犹他大学心理学教授斯特雷耶（David Strayer）在一项引起广泛关注的研究中证明了这一点*。他邀请了50多名受试者参与为期4—6日的徒步旅行，踏足阿拉斯加州、科罗拉多州、缅因州和华盛顿州的美丽森林。在徒步期间，受试者深入森林腹地独自行走，远离任何现代科技。斯特雷耶教授甚至禁止受试者看书，以确保尽可能精确地测量徒步对创造力的独特影响。为此，他对受试者进行了多项测试：他们需要回答多个开放性问题（例如"列出所有你能想到的圆形物体"），并在5分钟内尽可能多地画出几何图形，或是解开复杂谜题。

结果是惊人的：仅仅几天的森林徒步就让受试者的分数提高了50%（为了避免适应效应，测试分为两组，一组在徒步前，另一组在徒步后进行测试）。

音乐家、作家、哲学家和科学家都深知森林漫步的作用。他们中的许多人都是在完成每天的散步后就立即投入工作，以至于我们有时会想，莫非他们的创造力就来自长时间的散步？以20世纪最伟大的物理学家之一、量子力学先驱海森伯（Werner Heisenberg）为例，他酷爱在巴伐利亚阿尔卑斯山脉的森林中徒步，并如此坦言这种环境如何促进了

---

* R. A. Atchley, D. L. Strayer, P. Atchley, "Creativity in the wild: improving creative reasoning through immersion in natural settings", *PLoS One*, 7(12), 2012.

他的科学研究：

> 如果我没记错的话，散步带我们穿越了环绕着施塔恩贝格湖西岸的山丘；每当在那一排排发着光的绿色山毛榉间出现一个缺口时，湖面就会在我们的左侧出现，仿佛可以一直延伸到远处的山脉。颇为奇怪的是，正是在这次散步中，我进行了第一次有关原子世界的讨论，这次讨论对我后来的职业生涯具有重要意义。*

有同样想法的还有卢梭，"独自散步以便遐想和放飞思绪"，是他在写《一个孤独漫步者的遐想》时为自己设定的目标。这部著作是他的长篇独白，记录了这位当时已年过六旬的哲学家的晚年时光。当时，他深感社会对他的排斥，带着无奈和忧郁的心情，卢梭独自到瑞士纳沙泰尔附近的比安湖畔隐居，以平复自己的沮丧和焦虑。他每天都会散步很久。渐渐地，卢梭找回了生活的乐趣。他在1762年写给马尔塞布（Chrétien-Guillaume de Lamoignon de Malesherbes）侯爵的信中写道：

> 那些为我遮阴的树木的高大，环绕着我的灌木丛的精巧，我足迹所至之处花草的千姿百态，让我的精神在观察与赞叹间不断切换：这么多有趣的事物竞相争夺我的注意力，一个接着一个，让我的心情也不自觉地梦幻和放松起来。

自然美景带来的遐想和沉思赋予了卢梭写出最后一部作品所需的创造力。他的实践为雨果（Victor Hugo）、维尼（Alfred de Vigny）、夏多布里昂（François-René de Chateaubriand）等浪漫主义作家开辟了道路，他们随后也在与自然的接触中找到了不竭的灵感源泉，也在此过程中感受到了振奋与宽慰。

---

* W. Heisenberg, *La Partie et le Tout – Le Monde de la Physique Atomique (souvenirs, 1920–1965)*, Flammarion, 1972.

森林带来的健康

根据科学研究(如上文提到的李卿教授的研究),日本森林管理局在1982年决定将著名的森林浴纳入健康生活方式的倡议中。但这一做法尤其回应了日本政府于20世纪80年代委托进行的一系列有关企业压力的大型流行病学研究。正是在这一时期,过劳死(karoshi)事件开始引起关注,该术语指的是由于过度工作或过度疲劳导致企业高管或员工因心脏骤停、卒中或自杀而突然死亡。

20世纪90年代,过劳死问题在日本得到高度重视,日本政府迅速规划了治疗性森林(目前有62个)和减压专用步道。韩国政府也对这种天然疗法青睐有加,在首尔等大城市周围布置了专用步行道。韩国当局非常务实,他们将其视为降低医疗成本的一种方式。2015年,韩国甚至颁布了一项《森林福祉促进法》*。在政策的推动下,韩国高校增设了名为"森林疗法"的新课程,并培养了500多名"森林治疗师",为当地1300万名森林徒步爱好者提供健康支持。

对于如何进行森林浴,官方的建议非常简单:在森林中行走,同时将注意力放在树木、清新的空气、森林的颜色和林间声音上。有时人们会以一种很夸张的方式去拥抱树木,但这完全没有必要。虽然森林浴常常被赋予一种神秘甚至深奥的形象,但事实上,我们唯一需要做的就是身处其中并用所有的感官去感受。正如前文中所强调的,森林带来的感官刺激会自然而然地吸引注意力,但又不会完全占据注意力**,这

---

* W. S. Shin, "Forest policy and forest healing in the Republic of Korea", *International Society of Nature and Forest Medicine*, 2015.

** M. G. Berman, E. Kross, K. M. Krpan, *et al.*, "Interacting with nature improves cognition and affect for individuals with depression", *Journal of Affective Disorders*, 140 (3), 2012: 300-305.

种开放的注意力状态能够让精神得到短暂的放松。

我们可以将森林浴与正念冥想进行比较，后者对心理压力（如焦虑、抑郁、疼痛）也有公认的效果。卡巴金（Jon Kabat-Zinn）在许多治疗中心都推广了这种做法，在他看来，正念冥想旨在达到一种"精神状态，能够有意识且不带评判地关注不断展开的体验"。换言之，我们只需要观察和感受内在或外在发生的事情：声音、思想、图像、颜色、气味、记忆、疼痛、放松、舒适等。

一旦实践起来，事情就没那么简单了，因为大多数时候我们都处于"自动驾驶"模式，对周围的环境漠不关心。因此，一次安静平和的散步为我们提供了达到这种精神状态的理想环境。安德烈之所以提倡散步，绝非偶然：

> 当我们开始反复思考、反复琢磨时，最有效的办法就是去散步［……］，因为步行可以防止思维僵化：当我们开始向前走时，我们的思维就停止在原地打转了。*

归根结底，大自然能让人面对自己。在一片孤寂安静的森林中，我们能发现和听到被日常喧嚣和琐事淹没的思绪和感觉。支持这一观点的现代科学不过是重新发现了古人早就知道的好处，森林中的那些隐士就是例子。许多传统精神一直将森林视为沉思和修行智慧的理想之地。佛陀就是在森林中得道，在森林中第一次布道并在森林中圆寂的。

现代人不用成为神秘主义者就能在森林中深度体验。法国哲学家孔特–斯蓬维尔（André Comte-Sponville）在《无神论的精神》（*L'Esprit de l'Athéisme*）中讲述了他20多岁时的一次难忘经历。彼时已是夜晚，他与一些朋友正在森林中散步，突然，启示降临：

---

* C. André, podcast "La vie intérieure–La marche", France Culture, octobre 2017.

发生了什么？什么也没发生，但一切又变了！没有言语，没有意义，没有疑问。只有惊喜，只有事实，只有看似无尽的幸福，只有接近永恒的平静。

◆ 第三章

面朝大海

在你眼前,大海延伸至无尽的远方。湛蓝的海洋与浩瀚的天空融为一体。泡沫的银边、几艘船和一群海鸥,如同印象派画作的笔触,勾勒出一幅水彩画。其他的感觉也将你包围:海风带来的水沫轻拂你的脸庞,你听到海浪在沙滩上轻柔而规律地翻滚。你决定走向海边,很快,你就感觉到细沙轻柔地按摩着你的脚底。突然间,日常生活中的烦恼都烟消云散了,一种平静与焕发的感觉涌上心头,既快速又不可抗拒。

为什么海洋环境如此令人放松? 当我们凝视大海时,大脑中发生了什么? 如果我问你在海边哪种感官最为敏感,你肯定会回答:嗅觉。"我已经闻到大海的味道了!"哪个小孩不是在度假的第一天就这样欢呼,即使他离海岸还远得很。海洋的味道在所有气味中独具一格,在第一次闻到后往往就终生难忘。当海浪靠近时,孩子们还会发出另一种欢呼:"我闻到碘的味道了。"但这是一个常见的误解,碘其实是完全无味的,海边的气味并不是由它引起的。实际上,海边的气味来自藻类和浮游植物被细菌分解时产生的物质,尤其是分解后产生的一种名为二甲基硫(DMS)的分子。这种分子通过海浪喷溅出的微滴到达鼻腔的嗅觉黏膜,赋予大海其特有的气味景观。

我们都曾有过因为某种气味而陷入怀旧情绪的经历,这正是气味的非凡能力之一。就这一点而言,普鲁斯特(Marcel Proust)笔下的"玛德琳蛋糕"对于像我这样的神经科学家来说,简直是珍贵的研究素材。在《追忆似水年华》(*À la Recherche du Temps Perdu*)这部经典作品的关键情节中,作者描述了他是如何通过品尝蘸了茶的玛德琳蛋糕的气味和味道,惊奇地回想起了那些不经意间存储在记忆深处的童年往事。对我来说,海洋的气味是一个更鲜活的例子。这些气味能让我瞬间回到40年前,重温在布列塔尼度过的快乐假日时光。尤其是我还能短暂地回到和父母在海滩上野餐的时刻。整个场景清晰地在我脑中重现:捞虾、捡贝壳,以及在退潮时观察泥坑里的螃蟹。海洋的气味带我进行了一次时空之旅,这种体验比图片或文字带来的感觉更为强烈。

为什么气味能轻易唤起回忆?原因很简单,嗅觉通向大脑的路径是一条直接路径,而视觉和听觉需要借助中继结构间接到达大脑。事实上,鼻腔内膜上覆盖着一层与空气直接接触的微小神经组织(图3.1)。这层嗅觉黏膜是纯神经元结构,其中包含了数百万个神经元突起,能将来自400种嗅觉受体的信息传递至大脑。神经元穿过多孔的骨板(科学术语称之为筛骨),然后连入嗅球——大脑中负责处理和辨别嗅觉刺激的初级区域。分析气味信息是一项复杂的任务,但人类大脑执行得相当出色。近期一项基于统计估算的研究表明,人能区分至少1万亿种不同的气味*。因此,我们的鼻子比眼睛或耳朵灵敏得多。

嗅球本身也与大脑的其他区域相互作用,尤其是它能瞬间激活一个在回忆唤起中起到关键作用的大脑结构。这个大脑区域形状独特,像一种海洋动物一样呈螺旋状,它就是海马。尽管海马并不存储记忆,但它在某种程度上是通往大脑其他区域的交会点。正因如此,它能够

---

* C. Bushdid, M. O. Magnasco, L. B. Vosshall, A. Keller, "Humans can discriminate more than 1 trillion olfactory stimuli", *Science*, 343, 2014: 1370−1372.

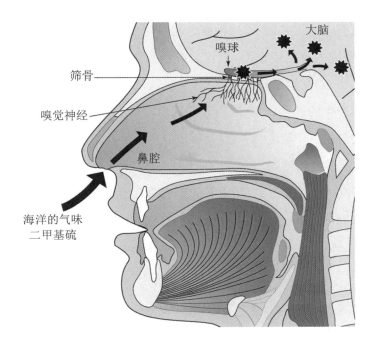

图 3.1 海洋的气味来自细菌对藻类的分解,并通过鼻腔内含有数百万个神经元突起的嗅觉黏膜直接激活大脑

重新激活曾参与某个特定回忆的脑区。

研究人员已经在其他动物尤其是小鼠体内观察到了这一内在特性*。他们发现,当动物在环境中行动时,先前参与学习的神经元会在随后相同场景出现时重新被激活。这就是为什么嗅觉比其他感官更能直接将我们带回过去,瞬间让我们回到某个时刻、某个地点或者唤起某种情绪。

无垠的蓝

如果说海洋环境让人的肺部充满了能唤起回忆的气味,那么大海

---

* D. Ji, M. A. Wilson, "Coordinated memory replay in the visual cortex and hippocampus during sleep", *Nature Neuroscience*, 10(1), 2007: 100–107.

就更是蓝色的代名词了，这种颜色能够使人感到平静和安宁。在实验室中，研究人员已经证明，仅仅是看到蓝色就能产生可测量的生理效应。例如，当我们暴露在蓝光下时，皮肤的电导率会降低*。这是身体放松后产生的一种现象，表现为汗腺活动减少（而在有压力时，交感神经系统会刺激汗腺活动）。这使得皮肤的导电性发生微小变化，具体表现为皮肤的电阻增加。

研究人员还观察到，当人看到蓝色时会出现血压降低、呼吸节奏和心率减慢的情况。对于蓝色带来的这些生理效应，一种可能的解释是蓝光会直接影响视网膜中的视黑素（melanopsin），这种色素向大脑传递白昼出现的信号，并对某些认知功能起刺激作用。我将在第五章中详细阐述这一令人惊奇的现象。

坦白而言，画家比科学家更了解蓝色。没有人比克莱因（Yves Klein）更能代表蓝色了。克莱因出生于地中海沿岸的尼斯，以其全蓝的单色画举世闻名。他的画中仅有蓝色，再无其他。在他的家乡，一抬头就能看到的蔚蓝天空，与他对这种颜色的喜好不无关系。根据自述，他是在意大利阿西西的圣方济各大教堂里看到了墙壁上的天空画后，才意识到这种颜色的重要性：

> 蓝色是无边无际的。[……]所有颜色都会引发具体的、物质的和有形的联想，而蓝色往往让人联想到大海和天空，这是在可触摸和可见的自然中最抽象的东西。**

这种形而上学的体验正是克莱因试图在他的画作中呈现的。他在

---

* K. W. Jacobs, F. E. Jr. Hustmyer, "Effects of four psychological primary colors on GSR, heart rate and respiration rate", *Perceptual Motor Skills*, 38(3), 1974: 763–766.

** Y. Klein, *Le dépassement de la problématique de l'art et autres écrits*, École nationale supérieure des Beaux-Arts de Paris, 2019.

画中创造了一个非物质的、空无的、纯粹的空间,这让观者进入一种特殊的心境,打开自己去接纳其他事物。在某种意义上,观者体验到了一种纯粹的沉思。这种无对象的感知让人联想到某些佛教宗派(尤其是禅宗)提倡的空性体验。

在我看来,克莱因完美地捕捉到了海边给感官带来的无垠感。对某些人来说,大海的一望无际能产生一种近乎神秘的体验,与宇宙和谐一体。这种极端状态被心理学家称为"海洋般的感受"(oceanic feeling),长期以来让他们感到困惑。例如,弗洛伊德(Sigmund Freud)就对这种体验深感兴趣,并在其他自然环境如沙漠的寂静、高山的巅峰或浩瀚的天空(我将在第十一和十二章中再次提及)也发现了类似的感受。

然而正如这位"精神分析学之父"所言,"海洋的形象因波浪和潮汐的运动而不断激荡,展现出一种时间上的节奏感,这比任何其他事物更能滋养'永恒感',连地平线也成为其中的没影点"。* 面对无垠的海洋,人不过是一个渺小的、微不足道的存在。

海洋的安全感

为什么海洋景观能让人如此平静?最简单的解释是,人出于本能,不会从海景中感受到任何威胁。事实上,自古以来,人类的大脑就被编程为时刻警惕任何危险,并在每次察觉到可疑迹象时立即发出警报,从而保护自身的安全,确保生存。在海边,柔和的海浪声不会受到任何打扰。没有突然的关门声,也没有刺耳的汽车喇叭声。在这种安全的环境中,我们的"心理安全哨所"——对威胁性刺激作出即时反应的杏仁核——得到了休息。

---

* S. Freud, *Le Malaise dans la Culture*, in *Œuvres Complètes*, vol. XVIII, PUF, 1994, pp. 249 et 251.

这个因形似杏仁而得名的大脑区域,接收了来自感官的10%的神经纤维。通常,感官刺激比如看到意外的形态或听到令人不安的声音,会先在丘脑停留,这是所有感官信息到达大脑的必经之路。随后,这些信息被传递至对应的感觉皮质(视觉皮质、听觉皮质等)进行评估和解释。但研究人员近期发现,有一小部分经过丘脑的信息没有经过大脑皮质,而是直接被传送至杏仁核。正是这条次要但非常短暂和快速的传递路径,解释了大脑在面对危险时的快速反应。由此产生的惊人结果就是:通常我们是先被吓到,然后才意识到是什么东西吓到了我们!

在城市中,人脑中的杏仁核会持续受到刺激,而我们通常并未察觉到这一点。这个现象在一项研究*中得到了证实,该研究观察了大脑对社会压力(即群体压力)的反应。为了重现这种压力,德国海德堡大学和加拿大麦吉尔大学的研究人员让受试者进行复杂的数学计算,并对他们的表现作出贬低性的评价,如:"其他人都会做,你的数学实在太差了!"实验结果表明,这种攻击性言论引起的脑部反应因人群的不同而异:在面对言论攻击时,城市居民的杏仁核与农村居民的杏仁核相比,前者的反应要强烈得多(图3.2)。

即使只是在城市中生活过,杏仁核也会受到不可逆转的影响。事实上,这种现象也出现在那些早年在城市中长大,但后来搬到乡村生活的人身上。哪怕离开城市很久之后,他们的杏仁核仍会在经历微小压力时就发出警报。因此,城市不仅能够影响人的行为,还会改变人的大脑结构。很可能正因为如此,生活在城市中的人患神经系统疾病的风险比生活在乡村中的人更高,尤其是情绪障碍和焦虑症,这两者的患病风险分别提高了39%和22%**。

---

* F. Lederbogen, P. Kirsch, L. Haddad, *et al.*, "City living and urban upbringing affect neural social stress processing in humans", *Nature*, 474(7352), 2011: 498–501.

** A. Jha, "City living affects your brain, researchers find", *The Guardian*, 22 juin 2011.

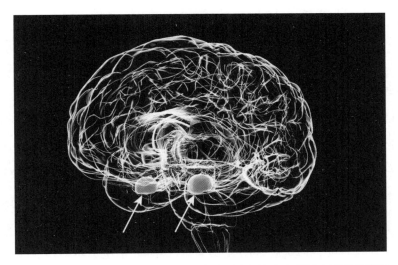

图3.2　在城市居民的杏仁核（箭头所指部分）往往会出现过度活跃的情况

　　相反，海洋的景象不会激活这种警觉状态，而是会使杏仁核得到平静和恢复。人的大脑本能地知道这里没有任何威胁，因此进入放松状态。通过这种方式完全"断开"杏仁核的连接很有可能消除压力带来的部分负面影响。有规律的海浪声像摇篮曲，让大脑相信一切都好，从而放松下来。

　　许多手机应用程序利用这一原理来促进入睡。通过播放海洋的声音或令人安心的自然噪声，它们重建了一个稳定和有安全感的环境。这些声音中有时还夹杂了在其中生活的动物的声音，如海豚的口哨声、鲸的歌唱、海鸥的叫声……选择非常丰富*。有些人还喜欢用这类声音作为起床铃声，从而在其营造的放松状态中缓缓醒来。那为什么海浪来回拍打的声音有助于达到深度放松的状态？

---

　　* C. Moreau, "Ces 5 applications devraient vous aider à mieux dormir", *L'Express*, 16 septembre 2019（www.lex-press.fr/styles/forme/mieux-dormir-les-applications-pour-nous-aider_2097851.html）。

内心的海浪

实际上,当我们听着这种循环往复的声音放松下来时,大脑会产生一些非常特殊的生理活动,这些活动被称为脑波。德国著名医生贝格尔(Hans Berger)首次记录了与平静状态相关的脑波的存在。1924年,贝格尔使用了一台非常灵敏的检流计(是当时最灵敏的,灵敏度为万分之一伏特),发现可以在头皮表面记录到微小的电压波动(微伏量级)。更令人惊讶的是,与他的预期相反,贝格尔注意到大脑皮质产生的这种电流活动并非无序的噪声,而是像波浪一样,消失然后再次出现,从而形成波的形状。尤其是,即使受试者处于平静、清醒但不一定专注于某个特定想法的状态时,仪器还是捕捉到了脑波。这些高振幅的脑波被称为α波,其振荡频率为每秒10次(10赫兹)。这是一个非凡的发现:人在休息时,大脑会产生电波!

几十年后,研究人员发现,像海洋这样的听觉或视觉刺激能够与脑波同步*。通常,我们需要巧妙选择某种特定的声音频率才能引导人们进入这种放松和舒适的状态**。摇篮曲和童谣正是利用了这个简单的原理来安抚婴儿,令其入睡。此外,利用重复的声音来改变人的意识状态的做法由来已久:自人类诞生以来,就有围绕篝火的萨满仪式,伴随着有节奏的声音,如鼓声、拍手声、歌声等,还有人们在火堆前跳舞产生的摇曳光影……海洋可以自然地呈现出这样一场声音与光的表演,这就是它让人感到如此平静的原因。

前面这几段可能会让人认为大海只是帮助我们减压、带来放松感,

---

* B. Brady, L. Stevens, "Binaural-beat induced Theta EEG activity and hypnotic susceptibility", *American Journal of Clinical Hypnosis*, 43, 2000: 53−69.

** J. D. Lane, S. J. Kasian, J. E. Owens, G. R. Marsh, "Binaural auditory beats affect vigilance performance and mood", *Physiology & Behavior*, 63(2), 1998: 249−252.

以为在海边散步看看海鸥就相当于喝了一杯洋甘菊茶，但根据近期的一项研究，大海带来的益处远不止于此。正如法国历史学家科尔班（Alain Corbin）在其著作*中描述的那样，人与海洋的关系一直以来是矛盾的。几个世纪间，大海都被视为灾难的舞台，是一个充满恶意且令人恐惧的地方。直到18世纪，大海的形象才逐渐变得积极。那时，海岸开始转变为城市居民疗养的场所，能帮助缓解忧郁情绪或激发他们的"鲁滨逊情结"。也是自这一时期，医生开始建议某些患者前往海边的专业疗养院进行海水疗养。海边疗养涵盖的疾病也开始变得种类繁多，包括哮喘、代谢紊乱和一些疼痛性疾病，如关节炎、风湿病和坐骨神经痛。

如今，海洋对人体的治疗效果因海边元素（微量元素、微生物、海水或海藻中的盐分等）的药理特性而被认可。目前，大约有40种海洋化合物正处于临床试验阶段，用于开发止痛药、抗生素或抗癌分子，甚至有十几种分子已经成为上市药物。

近期的一些研究还表明，大海对人的精神健康也有着积极影响。例如，一项针对新西兰惠灵顿市居民的研究发现，那些拥有海景房的人在统计上患心理疾病的概率较低**。研究甚至表明，看到蓝色比看到绿色对心理健康更有益处，尽管后者也能改善心理健康（见第二章）。

一个名为"蓝色健康"（BlueHealth）的项目统计了来自18个欧洲国家18 000名居民的心理健康信息，检测了蓝色对心理健康的效果***。

---

* A. Corbin, *Le Territoire du Vide. L'Occident et le Désir de Rivage, 1750–1840*, Aubier, 1998.

** D. Nutsford, A. L. Pearson, S. Kingham, F. Reitsma, "Residential exposure to visible blue space（but not green space）associated with lower psychological distress in a capital city", *Health Place*, 39, 2016: 70–78.

*** https://bmjopen.bmj.com/content/7/6/e016188 et le site https://bluehealth2020.eu/.

该项目主要收集了以上居民因心理问题而进行的医疗咨询和接受的治疗。2020年公布的结论显示*：在人口数量相同的情况下，海边居民接受心理治疗的次数显著少于城市居民（无论住所周围是否有绿地）。简而言之，住在海边有利于维持心理健康。

当然，许多疑问仍然存在：我们还不确定海洋对心理健康的益处仅仅是因为看到蓝色还是其他因素，如海浪声或海洋气味带来的感官刺激也发挥了作用。尽管如此，基于目前的研究，科学家建议为城市中较贫困的居民提供"蓝色疗养"以对抗抑郁和焦虑。这类居民通常更容易受到这些精神疾病的影响，并且由于经济原因难以接触海洋。

这或许就是海洋世界的标志性人物让神父（Père Michel Jaouen）**的直觉吧。从20世纪70年代起，这位"海洋牧师"就有了一个想法：带着那些青少年犯人出海，让他们暂时脱离社会，进行海上长途旅行。通过与大海的接触，这位被人们称为"灯塔"的神父成功地将这些偏航的年轻人带回正途。

---

* M. Tester-Jones, M. P. White, L. R. Elliott, *et al.*, "Results from an 18 country cross-sectional study examining experiences of nature for people with common mental health disorders", *Scientific Reports*, 10(1), 2020: 1–11.

** 法国神父，被誉为"海洋牧师"，以其对患有毒瘾的青少年的帮助而闻名。
——译者

◆ 第四章

随波逐流

在生命诞生之初,其周围只有水。这些水就是母亲子宫内的羊水,胎儿在其中浸泡了9个月之久。当然,对这一时间段的记忆早已消失在记忆的迷雾中,但在水中漂浮的感觉却在我们的大脑中留下了深刻的印记,形成了身体的最初印象。事实上,触觉感受器从孕期的第2个月就开始出现,最初是在口唇周围,然后在第5个月左右扩展到全身。第8个月时,子宫紧裹着胎儿,因此这些感受器有很多机会受到刺激:和子宫壁接触,与胎儿自己身体的不同部分接触,以及羊水的波动。

由于胎儿还未能清晰区分自我与母体之间的界限,所以这些触觉刺激对他来说都很相似。但随着时间的推移,刺激会引起运动反应,从而塑造胎儿的中枢神经系统,并将动作协调成序列。通过以上互动,未来的婴儿开始意识到自己是一个独立的存在。不难想象,触觉刺激给胎儿和母亲带来了同样的愉悦感,同时也有助于建立早期交流。这可能就是胎儿与母亲之间纽带的开始,甚至对胎儿而言,他由此有了一种对世界的归属感。

我之所以铺垫了这么多是有原因的:浸在水中和泡个澡这样的行为或许能让人回想起最初的那些感觉。想象一下,你正漂浮在湖面上,或是躺在宁静平和的海面上,水波轻轻晃动,身体无拘无束地飘着,轻盈得宛如失重,整个人深深地放松下来。个人而言,当我泡在海里或泳池里时,我总能体验到一种奇妙的感觉,细细想来,这种感觉几乎带有神秘色彩:仿佛自己变成一座沙堡,在潮起潮落中失去完整性,逐渐消融。对我来说,这始终是一个超越时间的时刻。漂浮在水面上的愉悦——尤其是闭着眼睛、全身赤裸时——无疑让我回想起我在母体中的第一次"沐浴"。

探索内在的感觉

如何从更科学的角度解释为什么这一刻如此美妙? 实际上,水让我们体验到身体的包裹感。下次游泳时,试着漂浮在水中并留意各种感官的感受:你会发现,即使在静止状态下,肌肉中仍然保留着一种感觉。这种感觉被称为本体感觉(proprioception),由英国著名生理学家谢林顿(Charles Sherrington)于1906年发现。他将其命名为本体感觉,但其他科学家更喜欢用"肌肉感"或"动觉"(kinesthesis)来形容它。

更确切地说,它指的是人所有的内部感觉,以及感知身体在空间中位置的能力。例如,当我闭上眼睛站立时,能感觉到手臂的位置高于腿。这是一种真实的感觉,与视觉、听觉、嗅觉、触觉和味觉同等重要,只不过它感知的是来自身体内部的感觉。但这又是一种难以捉摸的感觉:闭上眼睛并移动手臂,你可以毫不费力地感知到双臂的位置;但当手臂固定不动时,这种内部的感觉就会逐渐消失,以至于你很难知道自己的手臂在哪里! 这也许就是长期以来科学家忽视本体感觉的原因。

尽管如此,即使静止不动时,人仍然具有本体感觉。这时我们会注意到,某些身体部位比其他部位更紧张,而且往往难以得到完全放松。例如,面部、肩部或背部总会保持紧绷状态。其实,在人的肌肉中持续存在一种轻微的、持续的、不自主的收缩力,科学家称之为肌张力。这种比较稳定的收缩状态对肌肉来说是必不可少的,它让身体即使在休息时也能保持平衡。但这种不易消除的肌肉紧张也与一些心理因素有直接关系。事实上,我们都知道肌肉的紧张程度和情绪互相影响。因此,所有的负面思维,如恐惧、焦虑、嫉妒、愤怒、忧虑,都会直接让某些肌肉紧张。这种紧张往往是长期且难以察觉的。人的感知和想法,更不用说情绪,都会对身体产生影响,但人并不一定能意识到,即使在休息时也是如此。因此,肌张力会受到大脑的影响,而且通常是完全无意识的。

说回游泳。得益于水的浮力,当人漂浮在水面上时,能够完全放松,人的本体感觉几乎完全消失。如果延长漂浮的时间,那么在几十分钟后,你就会进入一种介于清醒与睡眠之间的状态:呼吸变得规律、缓慢并下降到腹部,思绪的纷乱停止,随之而来的则是平静、安全和幸福的愉悦感,对自我和环境的意识也变得模糊。

欢迎"海洋般的感受"

通常,人们将这种感官错觉称为"海洋般的感受"。在研究过程中,我在文学作品中找到了对这种感觉的多种描述。罗曼·罗兰(Romain Rolland)曾说他在很小的时候就有过这种感觉。20世纪20年代末,他在写给弗洛伊德的一封信中坦言,单是泡在水里就让他体验到了那种发自内心的幸福,类似一种"永恒的感觉",他形容这感觉仿佛是"无边无际的,几乎可以说是'海洋般的'"。*

卢梭也描述过这种海洋般的感受,尽管他当时是孤身一人躺在瑞士比安湖的一艘小船上:

> 湖水一波波地涌来,那声音连绵不断却又一波强似一波,
> 不时地震击着我的双耳和双眼,把遐想推远的那个自我又带

---

* S. Freud, *Le Malaise dans la Culture*, in *Œuvres Complètes*, vol. XVIII, PUF, 1994, pp. 249 et 251.

回来，我无须费力思索就能满心喜悦地感受着自身的存在了。有时这湖水也会让我觉得人世无常，然而这种淡薄的想法转瞬即逝，很快就消融在不断涌来、给我抚慰的湖水里，我自然而然地陶醉在这样的景致里。尽管天色太晚，归时已至，我也要挣扎一番才肯起身回去。*

陶醉在这种半梦半醒的状态中，卢梭感受到了水与其思想之间的并行，水的波动取代了内心的波动。波浪的节奏就像他心灵深处最亲密震动的回响。

我想借用这个描述：游泳有时能带来一种自我与世界达到完美和谐的状态。在这些短暂的瞬间，时间仿佛停滞了，我们失去了对自身的感知。但人真的能够脱离自我吗？这似乎是一个荒谬的问题，因为我只能是自我思维的主体。然而，自我感知（广义上的个体身份）确实会随情境的变化而波动。因此，通常的自我感知主要依赖于我们所处的空间和物理环境中的感官信息。

当以上信息不足时（例如水的环境剥夺了一些感官的感受），个体的身份会受到干扰。在这种情况下，可能会出现强烈的、迅速的、令人震撼的体验，这就是今天的美国心理学家所称的"意识改变状态"（altered state of consciousness）。

在一些常常带有"神秘"色彩的体验中，人们的感知接近一种"宗教感"。事实上，我们可以大胆地做一个类比：祈祷的体验和浸泡在水中所获得的宁静状态有着惊人的相似性。在基督教神秘主义中，祈祷可以让人与宇宙或上帝"心灵相通"。正如科尔班在《沉默的历史》（*His-*

---

* J.-J. Rousseau, *Rêveries du Promeneur Solitaire*, Cinquième Promenade, Le Livre de Poche, 2001（译文出自《一个孤独漫步者的遐想》，袁筱一译，南京大学出版社，2017。——译者).

toire du Silence)中所描述的,祈祷时需要"保持沉默",即采取措施让外界的噪声,尤其是内心的噪声如忧虑、烦恼、情绪等减少或暂时消失。总之,要让心灵的喧嚣沉寂下来,以便人们能够真正地看到事物本来的面貌。

当我们沉浸水中且处于漂浮状态时(或更广泛地说沉浸在大自然中*时),这种"自我沉默"会自然而然地涌现。当然,要达到这种状态也需要一定的自我意愿。我们必须愿意"投入水中",与水进行身体接触,这不是一种对抗、风险或冲突的关系,而是一种信任和融合。

回归起源

我在前文中已经提及这个假说:人在水中体验到的强烈感觉可能与胎儿时期残留的记忆有关,彼时胎儿与其所处的世界融为一体**。尽管很难证明这种回忆的真实性,但许多研究正在探索胎儿期与成年后健康状况之间的潜在联系。尤其是在妊娠的第7周至第20周之间,负责传递身体愉悦、疼痛、幸福和压力的神经连接在胎儿体内基本形成。胎儿与母亲和周围环境之间的丰富交流,将在其一生中发挥决定性作用。这些胎儿期的经历,大多是积极的,将会在大脑回路以及其他身体系统(如免疫系统)中留下印记。漂浮在水中带来的身心愉悦感是对过去在母亲怀抱中的美好经历的遥远呼应。

如果追溯到更古老的过去,我认为,水对人的吸引力部分源于地球生命的海洋起源。在某种程度上,水中环境让人感到熟悉和安全。这种直觉让我认同阿利斯特·哈迪爵士(Sir Alister Hardy)的看法。哈迪是

---

* M. Hulin, *La Mystique Sauvage*, PUF, 2008.

** S. Ferenczi, *Thalassa, Psychanalyse des Origines de la Vie Sexuelle*, Petite bibliothèque Payot, 1977.

一位英国生物学家,专门研究浮游生物,并因参与20世纪20年代的首次南极探险而闻名。他认为,人的身体天生会对水产生积极反应,因为人类作为灵长类动物,起源于海洋环境。这一"水生猿"假说仍存在争议,但很难想象我们的祖先——那些好奇且善于观察的生物,居然没有去发掘海洋和海岸线蕴藏的巨大财富,尤其是其富含的食物资源和感官体验。毕竟人类的生物亲和力在森林中得以施展,那它为什么不能在我们身上也激发出"海洋般的感受"呢?

漂浮舱内的大脑

为了探索人在漂浮时大脑内发生的事情,科学家进行了进一步的研究。美国国家心理健康研究所研究员利利(John C. Lilly)是最早研究这一现象的科学家之一。他于1954年构建了一种专门用于研究漂浮的装置。出于研究的需要,他研发出了著名的五感隔离舱。它的外形像一个蚕茧,受试者在进入舱内后,会漂浮在加热至体温的盐水上。舱内没有光线,完全寂静。人在其中漂浮,感受不到重力,就像在真空中一样,随之而来的便是深度放松的状态。

利利开发这个装置是为了研究当大脑切断所有外部影响时的活动。他称之为限制环境刺激疗法(restricted environmental stimulation technique,简称REST,这个词在英文中也表示"休息")。他的初步观察结果让科学界感到惊讶。在舱内待了数小时后,受试者并没有全部进入睡眠或变得昏昏欲睡。相反,有些人在出舱时非常清醒且惊叹不已。他们报告说自己达到了极端放松的状态并经历了强烈的视幻觉*。利

---

* K. Iwata, M. Yamamoto, M. Nakao, M. Kimura, "A study on polysomnographic observations and subjective experiences under sensory deprivation", *Psychiatry and Clinical Neurosciences*, 53(2), 1999.

利本人也体验过这些内心旅程(通常伴随着药物使用,这一点需要说明)。这些经历是如此强烈以至于改变了他的人生,利利在20世纪80年代放弃了研究,转而成为新纪元运动的一位精神领袖。

寻找默认网络

如今,我们对感觉剥夺期间意识改变的原因有了更深入的理解。人们可能会认为,当我们在虚空和寂静中漂浮时,大脑会将其生理活动降至最低,开始休息并切换到节能模式。实际上,情况恰恰相反!即使在休息时,人的大脑也会自发地进行非常强烈的活动。美国圣路易斯华盛顿大学医学院神经科学教授赖希勒(Marcus Raichle)于2001年发现了这一点。但赖希勒教授并没有使用感觉隔离舱,而是通过功能性磁共振成像仪记录了受试者在不进行任何特定思考时的大脑活动。受试者被要求只是静静地躺在成像设备中,什么也不去想*。

在形成的图像上,赖希勒教授发现了一个令人瞩目的现象:强烈的大脑活动波逐渐穿越了大脑中的一个庞大网络。这些波动大约每10秒发生一次,且始终出现在相同区域(图4.1):一处位于大脑前部的前额叶皮质,另一处位于侧面的颞叶。在休息状态下,两个区域的活动会同步闪烁。尽管相距甚远,但这种同步性表明它们属于一个相互连接的独特网络。由于这个脑网络只在人的注意力未被外部刺激吸引时才会激活,赖希勒将其命名为默认网络。

这一发现对于理解感觉剥夺有何意义?其背后的原因很微妙:自我感与默认网络之间存在着密切的联系。表面上看,这似乎很简单:每个人都有自我感,是一个独立的个体,拥有自己独特的思想。然而,对

---

* M. E. Raichle, A. M. MacLeod, A. Z. Snyder, *et al.*, "A default mode of brain function", *Proceedings of the National Academy of Sciences*, 98(2), 2001: 676—682.

于大脑来说,这种将自我与他人区分开的能力其实是一个复杂的过程,涉及多个专门的神经网络。

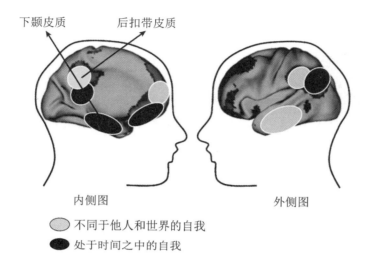

图4.1 默认网络包含两个子网络,它们是个体在空间和时间中找到自我感的基础

这一领域的研究目前还处于起步阶段,尽管我们尚未完全理解什么是自我意识,但功能性脑成像技术已能帮助科学家更好地掌握大脑中涉及的机制。特别是,最近的研究绘制出了在广泛的默认网络中,对于人在空间和时间中形成自我感的两组至关重要区域*。

一方面,默认网络的背侧区域(后扣带皮质,以及与其密切相连的楔前叶)的激活,与个体形成独立于物理和社会世界的感觉相关,正是由于这些大脑区域,我们才有了自己与他人不同的自我感。另一方面,颞中区的活动则更多地与自我在时间上的连续性感觉相关("我曾经

---

* J. R. Andrews-Hanna, J. S. Reidler, J. Sepulcre, R. Poulin, R. L. Buckner, "Functional Anatomic Fractionation of the Brain's Default Network", *Neuron*, 65(4), 2010: 550−562.

是、我现在是、我将会是……")*。这种时间上的一致性将所有经历整合为一个连贯的整体。因此,这两个网络是我们构建个体身份的基础,一些研究人员不吝称之为"自我网络"**。

消融自我的艺术

根据以上详细研究,我们最终回到本章主题:"海洋般的感受"可能源于自我网络。何出此言?原因很简单:自我消融体验的强度与这个网络活动的变化密切相关。耶鲁大学医学院心理学家布鲁尔(Judson Brewer)的研究可以解释背后的原理。

借助功能性脑成像技术,布鲁尔教授研究了10名在深度冥想时能够感受到与世界融为一体的受试者的脑部活动***。显然,在成像仪中固定不动很难进入意识改变状态,但这是目前唯一能够精确探测大脑活动的方法。因此,在经过几次试验后,受试者终于适应了成像的条件并成功进行了冥想。布鲁尔教授观察到,当他们的大脑体验到海洋般的感受时,其默认网络的运作方式有所不同。具体来说,受试者的后扣带皮质,即自我网络的一部分的活动强度较低。换言之,海洋般的感受

---

* N. A. Farb, Z. V. Segal, H. Mayberg, *et al*., "Attending to the present: mindfulness meditation reveals distinct neural modes of self-reference", *Social Cognitive and Affective Neuroscience*, 2(4), 2007: 313–322.

** D. S. Margulies, S. S. Ghosh, A. Goulas, M. Falkiewicz, J. M. Huntenburg, G. Langs, G. Bezgin, S. B. Eickhoff, F. X. Castellanos, M. Petrides, E. Jefferies, J. Smallwood, "Situating the default-mode network along a principal gradient of macroscale cortical organization", *Proceedings of the National Academy of Sciences*, 113(44), 2016: 12 574–12 579.

*** J. Brewer *et al*., "Meditation experience is associated with differences in default mode network activity and connectivity", *Proceedings of the National Academy of Sciences*, 108(50), 2011: 20 254–20 259.

和自我网络也许就像同一枚硬币的两面。

你可能会问,当我们知道海洋般的感受会降低大脑中这一小片区域的活跃度时,我们实际了解到了什么?也许没什么。的确,科学只能解释心理状态和脑部活动之间的相关性,但这种相关性并不等于因果关系,也无法完全展现相关经历的丰富性。然而,尽管有过度简化的风险(对此我提前表示歉意),以上观察结果表明,海洋般的感受可能在人脑中有生物学上的基础。即使是脑中一个非常小的区域的活动变化,也会令个体与外部世界之间的界限变得模糊,甚至在特定情况下完全消失。一个再现接近漂浮状态的环境可能会导致这些变化,并且有可能使大脑在某种程度上减少对自我的关注,变得不那么"以自我为中心"。

治疗性漂浮

关于漂浮疗法的益处,目前的研究还相对较少。然而,随着时间的推移,越来越多的证据表明,漂浮疗法对缓解患者的身体疼痛非常有用*。特别是对纤维肌痛综合征患者来说,漂浮疗法可能是一种减轻症状的途径。纤维肌痛是一种慢性疾病,表现为严重的肌肉骨骼疼痛;这种疼痛是持续的钝痛,常引起严重疲劳。在一项名为"纤维肌痛漂浮项目"(Fibromyalgia Flotation Project)的国际研究中,81名患者的初步研究数据显示,漂浮疗法可以显著减轻疼痛和肌肉紧张**。

在心理层面,漂浮疗法对治疗焦虑症似乎也有效果。虽然偶尔焦

---

* A. Kjellgren, U. Sundequist, T. Norlander, T. Archer, "Effects of flotation-REST on muscle tension pain", *Pain Research and Management*, 6(4), 2000: 181–189.

** S. A. Bood, A. Kjellgren, T. Norlander, "Treating stress-related pain with the flotation restricted environmental stimulation technique: are there differences between women and men?", *Pain Research and Management*, 14(4), 2009: 293–298.

虑是正常的,但患有焦虑症的人要与过度的情绪作斗争。这些障碍表现形式多种多样,包括恐慌发作和持续性的全身抽搐等。然而,在一项针对50个患有不同焦虑症的人的研究中,经过1小时的漂浮疗法后,大部分受试者表示他们的焦虑感显著减轻*。但由于受试者数量较少,研究得出的结论仍然有限。我们仍需要在特定病理情况下进行更多深入研究,才能将漂浮疗法纳入医疗体系中。

---

* J. S. Feinstein, S. S. Khalsa, H. W. Yeh, *et al*., "Examining the short-term anxio-lytic and antidepressant effect of Floatation-REST", *PLoS One*, 13(2), 2018.

◇ 第五章

赞美第一缕晨光

黎明时分的光景有时会在不经意间带给人们内心的澄明。法国新浪潮电影导演侯麦(Éric Rohmer)曾专门为这个自然的小奇迹拍摄了一部电影。在其1987年上映的短片《双姝奇缘》(*Quatre Aventures de Reinette et Mirabelle*)中,两位少女在凌晨4时站在一片田野的中央,等待着黎明的那一刻:

> (她们)等待着那个时刻,据说在这一刻,大自然停止了呼吸。这是一个纯粹的不真实的时刻:夜行的生物开始入睡,而白天的生物还未醒来。天空泛起奇异的蓝色,四周陷入一种可怕的寂静。这个时刻只持续了1分钟左右,甚至更短,乡村居民称之为"蓝色时刻"。*

尽管这个描述有些文学化,但它确实是电影中的一段对白!这段太阳刚好位于地平线之下的短暂时光在法语中有一个专门的表述:"狗与狼之间"(entre chien et loup)**。摄影师们尤为钟爱这一时刻,因为此时的天空充满了独特的蓝色,能为照片增添深邃的色彩。

---

* R. Oudghiri, *Habiter l'Aube ou Apprendre à Vivre dans la Splendeur*, Arléa, 2019.

** 指日落后或日出前的短暂时光,此时光线暗淡,我们不再能准确地辨别事物,无法辨别来者是善(狗)是恶(狼)。——译者由于需要满足多个条件(如天气好、无污染、视野开阔)才能目睹这一奇景,这种景象在城市中显得尤为稀少。不过,我认识一位对清晨的曙光和其独特之美着迷的城市居民,他就是社会学家乌德吉里(Rémy Oudghiri)。他每天早上5点起床,为的就是欣赏这一美景。这个自诩"黎明追逐者"的人,这么早起床既不是为了锻炼,也不是为了赶在他人之前工作,更不是为了冥想。他什么也不做,只是为了等候黎明!他只是想以不同的方式存在:摆脱社会时间的束缚,体验独处的愉悦,让自己有时间以不同的方式观察和思考。

有机会的话,我也喜欢体验黎明前后的这些时刻,它们拥有一系列"感官特质",显得格外独特。或许你也像我一样,曾在度过一个糟糕的夜晚后难以入眠。你断断续续地醒来,脑海中充斥着消极的想法,这些思绪围绕着某个冲突久久无法释怀,问题似乎越来越严重,难以解决。周围漆黑一片,你独自一人,无力找到任何解决的头绪。凌晨时分,你怀着阴郁的心情起床,悲伤地瞥了一眼初升的太阳……突然间,一种强烈的平静感袭来,那些消极的想法奇迹般地烟消云散了。这时你意识到,问题其实微不足道。阳光施展了抚平情绪的魔力。

受影响的大脑

这种在清晨突然感到喜悦的奇妙经历并非偶然,因为它有着生物学依据:光线对大脑化学的作用。在某种程度上,眼睛不仅仅用于视物,它们还影响大脑的其他功能。比利时列日大学的生物学家范德瓦尔(Gilles Vandewalle)在2002年证明了这一点。他发现,视网膜上的一些光感受器(占视网膜神经节细胞总数的3%—5%,约100万个)不会在大脑中生成图像,而是与负责非视觉功能的大脑深层区域相连。这些细胞刺激大脑中央的一小片区域(仅包含10 000个神经元),大小不过一颗大头针那么大。它有一个复杂的名字,叫作视交叉上核,当光线出现时,它能够调节某些激素的分泌。

这个小核非比寻常,是一个真正的生物节拍器,以24小时为节奏调节全身的生理功能,因此也被称为生物钟。人们日常生活的方方面面都受到它的影响:从感觉饥饿到去洗手间,从感觉疲惫到充满活力。这个小核对生理功能的影响在很大程度上与一种激素褪黑素有关。褪黑素更广为人知的名字是睡眠激素,它向人的大脑发出夜晚到来的信号,允许我们降低警觉性。相反,当视交叉上核被日光激活后,它会抑制位于中脑的松果体,减少褪黑素的生成,让人变得清醒。

这个生物钟就像一个节拍器一样,能够让人按照它的节奏作息。为了证明这一点,科学家进行了多次"脱离时间生活"的实验,参与实验的受试者需要独自在洞穴或地堡中生活。其中最著名的是1962年西弗尔(Michel Siffre)进行的实验,当时他年仅23岁,自愿在没有任何时间线索并切断外界通信的情况下,独自在一个洞穴中封闭生活两个月。西弗尔选择了位于意大利边境附近斯卡拉松地区的一个洞穴作为自我

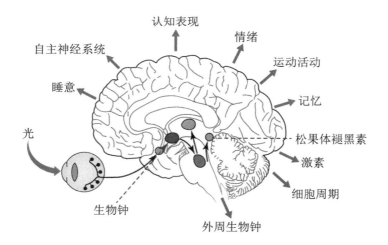

图5.1 视交叉上核作为生物钟,向大脑和身体发送信号;它以大约24个小时为一个周期对光作出反应:在白天,它会让松果体停止分泌褪黑素,从而唤醒大脑,并同时影响认知功能

隔离地点。经过数小时的下行,这位洞穴学者在地下110米处的一个小洞穴内安顿下来,那里的温度降至3℃。

在潮湿的帐篷里,西弗尔几乎一直处于黑暗中,他的身体受到了严峻的考验:他经常感到头晕,难以分清昼夜,产生幻觉,甚至失去记忆。由于没有时间约束,他的身体自行决定睡觉和起床的时间。西弗尔每天通过电话与地面保持联系,以获知睡眠周期开始和结束的时间。通过这个在极端条件下进行的实验,科学家发现,人体内部的生物钟大约以24小时为一个周期。为什么是"大约"? 实际上,西弗尔经历的昼夜交替周期更接近24小时30分钟。经过几周的隔离,这个小偏差不断累积,当西弗尔于9月14日重返地面时,他深信当天是8月20日!

因此,人的生物钟与地球的昼夜周期并不完全一致,这可能就是它需要定期根据阳光进行调整的原因,以保持精确和正常运作。太阳扮演了同步器的角色。因此,当光线减弱,夜幕降临时,松果体就开始分泌褪黑素。正是这种激素让我们在晚上感到强烈的睡意。一旦天亮,褪黑素水平就会下降,生物钟重新归位,一轮昼夜交替就完成了!

情绪波动的玩具

自从智人在至少30万年前在非洲出现以来,他们就日出而作日落而息,这种节奏深深地烙印脑中。因此,最好不要在凌晨三四点钟起来。此时机体处于缓慢运转状态:身体和大脑都进入了修复模式,血压下降,体温降至最低……在深夜,任何体力活动都显得异常艰难,心情也会变得低落。出现这种类似轻度抑郁的状态,部分原因是褪黑素的作用。正如我们所知,它使身体进入休息模式,如果人在那个时候还醒着,它就会对人的情绪产生负面影响,让我们陷入消极情绪。

到了清晨,奇迹出现了! 仅仅是阳光本身就能中断褪黑素的分泌。当人的眼睛感知到微弱的日光时,这个过程就开始了。双眼会通知生物钟停止分泌夜间激素并开始生成其他物质,如血清素、肾上腺素和皮质醇。在接下来的几分钟内,这些化学物质在大脑中累积,我们的心情回升,想法也变得更加积极。

因此,阳光对大脑功能有着巨大的影响。但在阳光所包含的所有颜色中,是否有某些颜色的光对心理的影响更大? 事实上,各种不同波长的光对人的心理和生理平衡至关重要。蓝光就是其中之一(正如我们在以海洋为主题的第三章中提到的)。2002年,美国布朗大学的伯森(David Berson)教授发现了其背后的原因。奥秘在于视网膜上的视黑素。根据测量这种色素的激活光谱在460—500纳米之间,恰好位于蓝光的波长范围内。研究人员随后发现,蓝光激活的大脑回路直接作用于负责调节生物钟的视交叉上核。这一惊人的发现有助于理解晨光的作用:蓝光激活视黑素,而晨光的颜色中就包含这一波段! 这就是晨光更容易唤醒我们的原因。

更令人惊奇的是,蓝光不仅有唤醒的作用,研究表明,它还能刺激某些大脑功能。例如,借助医学成像技术,范德瓦尔教授的团队证明,暴露在蓝光下可以提高人们在某些涉及执行控制的认知任务中的表现,如注意力、对某些行为的抑制力和记忆力(包括用于短期信息处理的工作记忆和长期记忆)*。如何解释这种效应? 虽然其背后的机制尚未完全明确,但范德瓦尔教授提出了一个正在探索阶段的假说:蓝光可能会刺激大脑中的某些神经递质(即负责神经元间相互作用的分子),尤其会作用于对于警惕性和注意力至关重要的去甲肾上腺素。

因此,即使一部分谜团尚未解开,但一个结论已经显而易见:日出日落的自然周期能够激发人的清醒状态和认知能力,其中蓝光的效果

---

* G. Vandewalle, P. Maquet, D. J. Dijk, "Light as a modulator of cognitive brain function", *Trends in Cognitive Sciences*, 13(10), 2009: 429-438.

最为显著。当清晨出现第一缕阳光（注意直视太阳的时间不要超过几秒，以免损伤视网膜），此时光线的强度最低，是安全感受阳光的最佳时机，你可以亲身体验阳光对大脑的激励作用。

如何利用自然光进行治疗

那阳光中的其他光是否也对我们有益？自然光的频率范围与人们家中常用的照明装置的频率非常不同。色彩丰富的自然光能触发和刺激人体中的多种生物功能。举个例子，皮肤暴露在阳光下可以增加人体内维生素D的含量。更确切地说，根据估算，人体内80%—90%的维生素D都是通过皮肤在阳光下合成的*。维生素D影响多个代谢过程，尤其是DNA修复、抗氧化活动和细胞增殖调节。此外，研究还表明，体内维生素D含量越高，感染急性病毒（如流感**和新冠病毒***）的概率就越低。

尤其重要的是，正如我们在前文指出的，接受光照，特别是感受日出时的光线，能让大脑知道是时候停止睡觉了。日光能帮助大脑恢复正常的昼夜周期，让它在白天更加清醒，并促进晚上的入眠。光对调节生物钟的积极作用在医学治疗中得到了越来越广泛的应用。例如，我们都知道生物钟紊乱会对情绪产生负面影响。这就是季节性情感障

---

* M. F. Holick, "Sunlight and vitamin D for bone health and prevention of autoimmune diseases, cancers, and cardiovascular disease", *The American Journal of Clinical Nutrition*, 80(6), 2004: 1678S–1688S.

** M. F. Holick, "Biological effects of sunlight, ultraviolet radiation, visible light, infrared radiation and vitamin D for health", *Anticancer Research*, 36, 2016: 1345–1356.

*** W. B. Grant, H. Lahore, S. L. McDonnell, C. A. Baggerly, C. B. French, J. L. Aliano, H. P. Bhattoa, "Evidence that vitamin D supplementation could reduce risk of influenza and COVID-19 infections and deaths", *Nutrients*, 12(4), 2020: 988.

碍（seasonal affective disorder）的成因。1982年，美国研究员罗森塔尔（Norman Rosenthal）提出了这个概念：在冬季，每5个人中就有1个人会感到精力下降，失去动力，并伴有不同程度的抑郁情绪，这种症状通常会在春季来临时消失。

充足的自然光照可以显著减少这种情绪障碍。我们只需要在每天早上适当接受光照，然后在睡前减少光照（不再看手机或电脑屏幕），最后在完全黑暗的环境中入睡。这些措施促进生物钟与自然周期的同步，有助于预防季节性抑郁。如果以上措施仍无法阻止抑郁情绪的出现，那么我们可以在医生的建议下，在早晨进行短时间的高强度人工光照疗程（通常为30分钟到1小时）。在光照疗法中，光线本身就是一种治疗手段，而我们往往忽略了它的重要性。此外，光疗的费用是由社会医疗保险承担的[*]。

从脑震荡到帕金森病

蓝光因其对睡眠的积极作用，已被证明可用于治疗多种疾病。以脑震荡为例：它实际上是由撞击引起的轻微颅脑创伤，常发于车祸、跌倒或剧烈运动（如曲棍球或橄榄球）中。由于大脑受到强烈震动，患者会出现持续数周到数个月的痛苦症状，其中最常见的症状包括头痛、注意力难以集中和疲劳。在一项研究[**]中，研究人员随访了32名轻度颅脑创伤的成年人，并让他们在6周的时间内每天早上都接受30分钟的

---

[*] C. Gronfier, "Chronobiologie, les 24 heures chrono de l'organisme", Inserm, 2017（www.inserm.fr/information-en-sante/dossiers-information/chronobiologie）.

[**] W. D. Killgore, J. R. Vanuk, B. R. Shane, M. Weber, S. Bajaj, "A randomized, double-blind, placebo-controlled trial of blue wavelength light exposure on sleep and recovery of brain structure, function, and cognition following mild traumatic brain injury", *Neurobiology of Disease*, 134, 2020: 104 679.

蓝光照射。结果显示，与对照组相比，这些人恢复得更快、睡眠质量更好、白天的嗜睡症状也有所减少。

这个方法也能缓解帕金森病患者的痛苦。事实上，高达90%的帕金森病患者都存在睡眠碎片化和白天过度嗜睡的问题。因此，美国波士顿市马萨诸塞州总医院的一个团队就研究了光照是否可以作为一种新的治疗措施。在31名患者身上，研究人员发现，每天接受两次强光照能够减少睡眠碎片化并减轻白天的嗜睡症状，从而改善患者的整体健康状况[*]。尽管专家们对这一现象的解释并不一致，但这种效果可能是通过让生物钟恢复同步来实现的，因为帕金森病患者的生物钟往往被严重扰乱。

基于以上欣喜成果，研究人员目前正在评估光照疗法在治疗其他神经系统疾病（如痴呆或认知障碍）中的应用。一些英国科学家曾特别报告过，光照疗法在养老院中为患有上述症状的老人带来了良好的效果。然而，目前的证据尚不充分，我们还未能将光照疗法作为此类患者的治疗方案[**]。

在科学家能够解答所有这些问题之前，有一点是毋庸置疑的：上述发现比以往任何时候都强调了将自然光融入人们日常生活的重要性。偶尔到户外活动可以为我们的大脑提供所需的营养。我认为，在城市

---

[*] A. Videnovic, E. B. Klerman, W. Wang, A. Marconi, T. Kuhta, P. C. Zee, "Timed light therapy for sleep and daytime sleepiness associated with Parkinson disease: a randomized clinical trial", *JAMA Neurology*, (4), 2017: 411-418.

[**] D. Forbes, C. M. Blake, *et al.*, "Light therapy for improving cognition, activities of daily living, sleep, challenging behaviour, and psychiatric disturbances in dementia", *Dementia and Cognitive Improvement Group*, 报告见于：www.cochrane.org/fr/CD003946/ DEMENTIA_les-preuves-sont-insuffisantes-pour-recommander-lutilisation-de-la-lumino-therapie-dans-la-demence。

环境中应该重视自然光的作用，尤其是医院和养老院这类公共场所的照明设计。这些场所缺乏自然采光，这是一个必须正视的公共卫生问题。即使自然光无法治愈疾病，但它对人的情绪和健康至关重要。我们不应剥夺弱势群体享受阳光的权利！

◇ 第六章

感受色彩之美

无论是送人的珠宝、新买的汽车还是即将添置的客厅沙发,我相信你在选择颜色时一定和挑选款式一样用心。无处不在的颜色是我们生活中不可或缺的一部分,尽管它们有时非常低调以至于几乎被忽略。色彩文化史专家帕斯图罗(Michel Pastoureau)对此有着深刻的理解:

> 由于颜色总在我们眼前,使得人们对其视而不见。总之,人们不太重视它们。这真是大错特错! 颜色绝非无关紧要,相反,它们承载着我们在无意识中遵循的规则、禁忌和偏见,它们意义丰富,深刻地影响着我们的环境、行为、语言和想象。*

有一种颜色就在我们眼前,但我们却对其视而不见,它就是城市中无处不在的灰色。从20世纪50年代开始蓬勃发展的城市化,让混凝土和沥青这样的材料被大量应用到楼房和道路的建设中,奠定了这种颜色的主导地位。由于其他颜色的成本较高,加之战后重建的紧迫性和成本控制,使得这种单色的无聊建筑在全世界随处可见。当然,随后众多的城市更新项目竭力在公共空间中重新引入一些色彩。这让我们想到被称为"粉红之城"的图卢兹,这个颜色为其赋予了独特的身份。但

---

* M. Pastoureau, D. Simonet, *Le Petit Livre des Couleurs*, Points, 2014.

在大多数大城市中，灰色仍然是主色调。

灰色是最典型的中性色，保守并适用于任何场所，不透露任何信息也不吸引任何目光。然而，人类的大脑需要与多种颜色接触，哪怕只是为了满足其天生的好奇心！在城市中，灰蒙蒙的环境往往让人联想到理性、单调和沉闷，它很可能是城市居民无聊和忧郁情绪的源头。诚然，目前尚无研究证明灰色建筑和城市居民抑郁比例上升（20%）[*]之间存在因果关系，很多因素可能对此都有影响。但根据德国弗莱堡大学的研究[**]，抑郁症患者在辨别颜色对比度方面存在困难，看待世界的方式也更加单一。在某种程度上，单色生活可能源自抑郁与灰色之间的直接关系。

奇妙的动物万花筒

大自然中极为丰富的色彩让人的大脑无暇忧郁，这是大自然对我们的又一馈赠。在我看来，蜂鸟的虹彩是动物世界中最美丽的例子之一。根据观察角度的不同，蜂鸟的颈部在一位观察者眼中可能是金色的，在几步之外的另一位观察者眼中却是黑色的。华丽的闪蝶也采取了类似的策略，在飞行中，它的翅膀颜色依次显现为电光蓝和黑色，而且飞行轨迹相当不规则，这足以迷惑任何试图预测其飞行方向的捕食者[***]。这些物种的颜色之所以能随着观察者的位置而变化，一部分的

---

[*] K. Sundquist, G. Frank, J. Sundquist, "Urbanisation and incidence of psychosis and depression: follow-up study of 4.4 millions women and men in Sweden", *The British Journal of Psychiatry*, 184, 2004: 293-298.

[**] E. Bubl, E. Kern, D. Ebert, M. Bach, L. Tebartz van Elst, "Seeing gray when feeling blue? Depression can be measured in the eye of the diseased", *Biological Psychiatry*, 68(2), 2010: 205-208.

[***] S. Berthier, *L'Éveil du Morpho*, Flammarion, 2021.

原因在于其表面微小的纳米结构,这种结构能够衍射入射光。入射光是一种"物理颜色",与通过色素或染料获得的"化学颜色"相对。

大自然中色彩的多样性和丰富性并非偶然,它是漫长的进化历史的结果。进化论的伟大先驱达尔文(Charles Darwin)早就对动物的颜色着迷,他好奇为何有些动物"颜色如此美丽且富有艺术感",这个看似简单的问题同样吸引了众多科学家,并为此开展大量研究。

在动物界,动物会出于各种截然不同的原因用复杂的颜色来装饰自己。例如,为了躲避其他生物的视线,章鱼就具有伪装的天赋,它们的皮肤上布满了载色素细胞,这类细胞可以在极短的时间内打开或关闭,从而改变局部皮肤的颜色。此外,一些动物皮肤的颜色就是它们的保护色(好几种色素是天然的防晒霜),还有部分动物(如青蛙)则通过调节皮肤的明暗来调节体温。动物还利用颜色来表明它们属于同一物种,当然也是为了吸引配偶。一些鲜艳的颜色还代表潜在的危险或毒性,从而威慑捕食者。有时,有的动物甚至通过模仿另一物种的警戒色来保护自己。精彩的动物世界宛若一个色彩斑斓的万花筒*。

印象派植物

植物世界呈现出的丰富的色彩,也像一块令人惊叹的调色板。这种色彩的多样性源于微观层面上各种色素的复杂组合(如叶绿素、类胡萝卜素、黄酮类化合物和花青素苷),这些色素能够选择性地吸收或反射一部分可见光。由于光照分布从拂晓到日落不断变化,植物的色彩也会随着天气、一天中的不同时段和季节的不同而不断变化。在光影交替、昼夜轮转中,这些色彩充满生命力,令人惊奇、野性十足,与人类

---

* 阿滕伯勒(David Attenborough)于 Netflix 上传的纪录片:*Life in Colour: A Marvelous Celebration of the Colourful Natural World*, 2021。

设计和驯化出的颜色截然不同。假如人的视觉范围能扩展到紫外或红外光,我们会更加惊讶于这些色彩的丰富与多样。

像塞尚(Paul Cézanne)这样的印象派画家早已熟知植物色彩的丰富性。他的风格非常独特,极具辨识度。一如他的作品《圣维克多山》(*Mont Sainte-Victoire*)。整幅画看起来有些模糊:笔触快速而充满活力,由复杂的色彩块并置而成,近看时甚至显得有些粗糙,这解释了为什么他的一些画作给人一种尚未完工的感觉。但《圣维克多山》生动地展现了光线给山和风景带来的瞬息即逝的明暗变化。当我们欣赏这幅画时,仿佛亲身体验到了塞尚在艾克斯面对这片风景时的内心感受! 他曾非常恰当地描述了自己的创作过程:

> 风景在我的心中成形,我是其意识[……]色彩是我们的大脑与宇宙相遇的地方。

这是他作为画家的直觉。因此,我们的所见所感,并非某种确定的、强加于我们感官的东西,而更像是自然与我们自身共同构建的结果。

颜色形成于我们的大脑

我们常常认为,人的感官,尤其是眼睛,能够准确地反映外部世界。我们把眼睛看作一种类似相机的装置,被动收集光的像素并传送到大脑。但这种思维方式忽略了一个事实:颜色本身并不存在。是人的眼睛和大脑"构建"了这种生理感知,因此在这种感知中,主观性和客观性之间的界限非常模糊。

为了更好地理解这重要的一点,让我们一同回顾眼睛的生物学构造。在视网膜上,颜色的形成依赖于一类光感受器视锥细胞(因其形状而得名,图6.1)的激活。它们分为3种类型:S型、M型和L型,分别对不同波长的光作出反应,S型对短波长的蓝色最为敏感(S指英语中的

"short"，意为"短"），M型对应中等波长的绿色（M指"medium"，意为
"中"），L型对应长波长的黄色和红色（L指"long"，意为"长"）。当光波
到达位于视网膜底部的光感受器时，它会激活对应的视锥细胞，产生电
脉冲，然后通过视神经将电脉冲传送到大脑。

人的日间视觉是三色视觉。人的视网膜上一共有300万—400万
个视锥细胞，我们识别的所有颜色都是这3种视锥细胞发出的信号的
组合。英国物理学家托马斯·杨（Thomas Young）在19世纪就已经认识
到这一点：他提出了只存在3种光感受器的假说，依据是画家在调色板
上只需混合3种颜色（三原色）就能获得所有其他颜色。通过这种混
合，大脑能够"制造"出所有可见光的颜色，从紫色到红色。

当然，这一切都发生在大脑中。它同时分析来自3种视锥细胞的
信号，并根据整体环境对其作出诠释。由于光线的强度可能会有所不
同，大脑通常需要进行调整，以适应不同的照明条件。在正常情况下，
眼睛对黄绿色的光最为敏感。当红橙色光源的强度是黄绿色光源的近
10倍时，才能以相同的强度被眼睛感知。但在整个色彩范围内，我们的
大脑能够识别出大量的色调，即多种颜色的混合。通常认为，人类可以

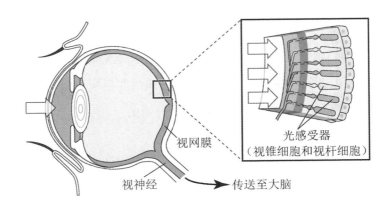

图6.1　颜色的感知是通过覆盖在视网膜上的视锥细胞实现的：它
们分为3种类型，分别对不同范围的波长具有敏感性

轻松区分大约100种色调（色感特别好的人可达上千种）。尽管有专门的术语，但法语在颜色方面的词汇较为贫乏。例如，拿绿色来说，你能区分苹果绿、翡翠绿、海洋绿、青瓷绿、草地绿、橄榄绿或青铜绿吗？

此外，我们还需考虑另一个因素：物体的颜色不仅取决于照亮它的光线，还取决于观察者。那么问题来了：我看到的"绿色"和你看到的"绿色"是一样的吗？你可能看到的是蓝色，但因为习惯，你把它称为"绿色"。这个问题虽然是老生常谈却很合理，尽管我们的视觉能够感知到整个可见光谱，但感知到的光谱的范围却因人而异。

也许你已经注意到，蓝色、绿色或红色的细微变化并不是每个人都能感知到的。实际上，生物学家已经发现不同个体间视锥细胞的密度存在巨大差异。以绿色视锥细胞与红色视锥细胞的比例为例，个体之间的差异从0.1到16倍不等*！因此，根据对红色的敏感度不同，可以分为两类人：大约有8%的男性和0.5%的女性由于遗传、病理或创伤原因没有正常的红色视觉**。

这种巨大的生物学差异解释了为何有些个体虽然不算视觉异常，却难以分辨色调的变化，例如无法区分青色（打印机中蓝色墨盒的颜色）和绿松石色。相反，由于基因突变，一部分人拥有一种额外类型的视锥细胞，这使得他们能够感知到更广泛的颜色范围。有2%—12%的人拥有这种"超级视力"，其中大部分是女性。这种四色视觉让这部分人像鸟类和爬行动物一样，能够感知到更细微的色调变化，而这些差别对于占大部分的三色视觉者来说是难以分辨的。

---

* A. Roorda, D. R. Williams, "The arrangement of the three cone classes in the living human eye", *Nature*, 397, 1999: 520–522.

** P. Fleury, C. Imbert, "Couleur", *Encyclopædia Universalis*, 6, 1996: 676–681 (www.universalis.fr/encyclopedie/couleur/).

所以，没有人看到的颜色是完全相同的。更复杂的是，准确辨别颜色的能力还受到文化的影响。一些民族的词汇量更有限且倾向于混淆一些颜色，而另一些民族则能够清楚地区分这些颜色。例如，新西兰的毛利部落能区分上百种红色，因纽特人能辨别出7种不同的白色*。当然，某个特定地理环境中占据主导地位的颜色会增强当地人区分这些颜色的倾向。无论如何，请记住一点，这也是本节的核心观点：颜色是一种主观现象，它既存在于自然界中，也存在于观察者的眼中。

颜色的质感

当我们谈论颜色时，会遇到一个我之前提到的问题：如何确保我们谈论的是同一件事？因为对颜色的感知，就像对我们周遭的一切一样，首先是经历它的人所获得的体验。该如何在主观现象与物理世界之间架起一座桥梁？哲学家将这一棘手的问题称为"解释鸿沟"**。 1986年，澳大利亚哲学家杰克逊（Frank Jackson）在一篇著名的文章《玛丽不知道的事》（What Mary didn't know）***中探讨了这个话题。

杰克逊在文章中讲述了一个虚构的故事（图6.2）：玛丽是一位杰出的科学家，但她只能在自己的房间里研究这个世界。对她来说，一切都是黑白的，只有灰色的阴影。她只有一台黑白电视机。从未接触过颜色的玛丽对色彩的视觉生理学产生了兴趣。通过书籍，她最终获得了所有关于色彩科学的知识。她还能借助一台机器测量她的大脑活动从而了解当人们看到颜色时大脑内发生的一切。

---

* M. Brusatin, "Couleurs, histoire de l'art", *Encyclopædia Universalis*, 6, 1996: 682–687.

** 该术语源自莱文（Joseph Levine）的文章 "Materialism and qualia: the explanatory gap", *Pacific Philosophical Quarterly*, 64(4), 1983: 354–361。

*** "What Mary didn't know", *The Journal of Philosophy*, 83, 1986: 291–295.

一切都进行得很顺利(当然,这是杰克逊的说法!),直到有一天,玛丽离开了她的房间,第一次看到了一颗红色的番茄。尽管她对番茄及其颜色带来的视觉体验背后的生理过程了如指掌,但她却从未亲身体验过。简而言之,她知道看到颜色是什么感觉,却从未真正感受过。杰克逊于是提出了一个问题:当玛丽体验到颜色时,她是否学到了新的东西?

图6.2 一个流传下来的虚构故事:玛丽了解颜色的一切,但从未亲身体验过颜色

对许多哲学家来说,玛丽在第一次看到颜色时确实学到了某些东西,这些东西既不在科学知识中,也不在可测量的物理属性范畴内。这种新的知识只能通过主观体验获得。哲学家用主观体验特性(qualia)一词来指代这些与主观经验相关的性质。颜色的质感在于每个人主观体验颜色的独特方式。

大脑中的美感

显然,颜色的主观体验特性对科学界来说是一个问题。尽管存在重重障碍,仍有许多科学家尝试研究当人感受到颜色之美时大脑中发生了什么。伦敦大学学院教授、灵长类动物大脑视觉专家泽基(Semir Zeki)就是其中一员。泽基教授利用功能性磁共振成像记录了受试者在欣赏艺术作品或美丽风景时大脑的活动。通过累积的数据,他得出了一个十分惊人的结论:大脑中存在一个与美的体验系统相关的区域*。

该区域位于内侧眶额皮层中,与奖赏回路相关。激活该区域能让多巴胺的分泌突然增加,这是一种能让我们感到愉快的神经递质。当人们坠入爱河时,这个区域也会被激活。因此,欣赏一幅画作或自然带来的美的体验,是一种能与浪漫爱情相媲美的愉悦感,相信自然爱好者也会同意泽基教授的这一观点。

所以自然就像一件艺术品?研究表明,艺术或自然的确能激发人们内心最深层的情感。无论面对的是塞尚的画作还是花圃的花朵,我们的审美倾向都有一个共同的生物学基础。在大脑的某个角落,奖赏系统与所有形式的美都产生了共鸣,它是我们所有美感体验的共同核心。从这个角度看,欣赏自然尤其是一种享受。

随着研究的深入,纽约大学的一个研究团队在探索与泽基教授相同的问题时,获得了一个意想不到的发现**。当受试者身处扫描仪内欣赏图片获得强烈的美感体验时,他们大脑中的默认网络也被激活了。这一发现让神经科学家十分惊讶,因为这个网络通常只在没有任务或缺乏外部刺激时才会被激活。例如,它会在人思考自我时变得活跃(见第四章)。

那为什么研究人员能观察到这种模式被启动?在该团队发表的文

---

* S. Zeki, "Neurobiology and the humanities", *Neuron*, 84(1), 2014: 12–14.

** E. A. Vessel, G. G. Starr, N. Rubin, "Art reaches within: aesthetic experience, the self and the default mode network", *Front Neuroscience*, 7, 2013: 258.

章中,他们提出了一个大胆的解释:美感"获得了激活与自我感知相关的神经基质的通道,这种通道是其他外部刺激通常无法获得的"。他们认为,美,而且只有美,才能实现这一突破。是美"让艺术品能够同与自我相关的神经过程互动、影响,乃至融入其中"。

这就解释了人在面对自然的色彩时的感受:这是一种与美相关且来自内心深处的愉悦感,它与人的自我意识相连。这种和谐的统一,这种"大脑感受到外部世界与内心达成某种和谐的时刻",让我们感到美是由内向外触动着我们的,它与我们是如此相似。

这种感觉可能很抽象,但它的实际影响是直接的。处于生态危机之下,人类从非常科学和实际的角度关注自然受到的破坏、生物多样性的崩溃,以及对人类生存带来的风险。但不要忘记,我们也应该从美学的角度来看待这个问题。这不仅事关物质财富;如果我们的生活环境变得丑陋、单调和灰暗,那么我们的精神财富也会贬值。

◆ 第七章

培养神经元

长期以来，植物被视为一种低等、被动和无感的生命形式。它就像自然界中的"植物人"，静止不动、沉默不语。但近年来的科学发现颠覆了这种观念。实际上，植物的行为远比我们想象的要复杂得多。一些植物，如金合欢树，会通过释放挥发性物质与附近的同类乃至动物进行化学交流。在地下，真菌的微小菌丝编织出了极为复杂的网络，将树木相互连接。这张地下网络有时也被戏称为"树联网"（Wood Wide Web），能影响树木的"性格"，甚至会导致某些树木种类之间无法共存，法国植物学家阿莱（Francis Hallé）诗意地称之为"树木的害羞"现象。

可以说，认为植物是比动物低等的生物的想法如今已完全过时了。当然，"植物在想什么？"这个问题在我看来几乎没有意义（尽管一些植物生态学研究员确实提出过这个问题*）。这一观点在一些科学家近期出版的书中也有所体现，他们在书中赞扬树木的社会性**，认为人可以与树木交朋友甚至交谈。拥抱树木的做法在全世界范围内的流行也着实让人吃惊。在我看来，这有点过头了，因为迄今为止还没有任何研究验证过这种拥抱的有效性，反而科学家已经明确林中散步带来的益处

---

* J. Tassin, *À Quoi Pensent les Plantes?*, Odile Jacob, 2016.

** P. Wohlleben, *La Vie Secrète des Arbres*, Les Arènes, 2017.

（见第二章）。

然而，植物无疑是高度敏感的生物，具有以其独特方式解读环境的能力。以它们对光的敏感性为例*。尽管植物没有眼睛或大脑，但其整个表面覆盖着大量吸收光线的色素，即光感受器。换言之，植物能"看到"光线，但它们的视觉并不依赖于单一器官提供的单一视角。植物的这些光感受器数量众多，它们主要捕捉光谱中的4种光：紫外光、蓝光、红光和近红外光（或远红外光）。

尤其是，一种被称为隐花色素的光感受器对蓝光很敏感，并参与到昼夜交替的感知中（在人类身上，视网膜的视黑素承担了这一角色，见第五章）。当黎明时分的第一缕蓝光照到叶子上时，隐花色素便能唤醒植物。因此，蓝光决定了植物表面气孔的开合程度。除此之外，这类光感受器还能调节植物的移动以面向光源。在秋冬季节，蓝光强度较大，从而削弱生长素的作用，这种激素负责植物的主茎和根的生长。在蓝光的作用下，植物会改变形态和变得更加坚韧。因此，从视觉感知的角度来看，植物的"视觉"极为精准。

更令人惊讶的是，除了拥有视觉之外，植物还能够感知其环境中至少20种物理和化学参数：湿度、磁场（也由隐花色素感知）、电场梯度、化学梯度、重力等。总之，植物没有眼睛、鼻子或耳朵，但它们能看、能嗅和能闻，并能对外界作出反应。要知道早在3.7亿年前，它们就已成为地球上的第一批居民！

动物 vs 植物

尽管植物看起来很聪明，但我们也要注意不要因此陷入拟人化的误区。人类的进化史和植物的进化史在很久以前就已经分道扬镳了。

---

* D. Chamowitz, *La Plante et ses Sens*, Buchet-Chastel, 2018.

人与植物的一个根本区别在于,植物不是严格意义上的"个体"。法语中"individu"(个体)一词源自拉丁语的"individuum",意为"不可分割的"。然而,植物具有由分生组织构成的重复模块结构,这意味着植物能在未分化的组织上重新生长。换言之,植物的结构是模块化的,可以被分割;植物的每个部分都很重要,但没有哪个部分是不可或缺的。

根茎就是诠释植物这种无限增长特性的一个绝佳例子。根茎是一种地下茎,覆盖着众多分支,这些分支相互缠绕并延伸,构成一个非常密集的网络(图7.1)。植物的芽首先是水平生长的,然后竖直向上钻出地面生长,形成地上的部分并开花。开花凋谢后,地下的根茎会通过新芽再次生长,延伸出新的部分,并在春天来临时破土而出,如此重复以往。正如法国哲学家德勒兹(Gilles Deleuze)和瓜塔里(Félix Guattari)指出的那样*,根茎没有中心,其生长可以在任何一个位置进行,完全无层级且不可预测。

你可能会问我,铺垫了这么多究竟想说明什么,植物的这种组织形

图7.1 根茎是植物的地下茎,水平发育并可在任意一点发芽

---

* G. Deleuze et F. Guattari, *Mille Plateaux*, Éditions de Minuit, 1980.

式与我们的讨论有何相关性？事实上，尽管存在显著差异，但有一些明显的证据表明，大脑可以被称作一种植物性器官。法国生物学家安扎拉（Gérard Nissim Amzallag）在他的著作《植物人》（*L'Homme Végétal*）*中对此作出了很好的诠释：

> 最能代表大脑形象的不是一台复杂的机器（如计算机），而是植物，一种由许多十分相似的模块（如叶子）组成的有机体，它在整个生命过程中不断生长。

其实，神经科学已经完美地展示了这一相似性。我们可以将大脑比作一棵巨大的植物，其中的神经元就像小植物，彼此交织形成复杂的网络。西班牙神经学家卡哈尔（Santiago Ramón y Cajal）最早注意到了这一点。1888年，卡哈尔使用一种特殊的银染色法处理脑组织，获得了前所未有的高质量图像，并成功地分离出了单个神经细胞。他不仅是一位杰出的科学家，还是一位真正的艺术家，他仔细绘制了在显微镜下观察到的难以计数的分支（图7.2）。因此，他证明了神经细胞（即神经元）在解剖学上是彼此独立的，这一发现为他赢得了1906年的诺贝尔生理学或医学奖。

我们现在知道，每个神经元都由一个微小的中央细胞体（直径为10—50微米）和一条主要的长支即轴突构成，细胞体周围还延伸出许多小分支，即树突。轴突可以延伸至很远，负责将神经冲动传递给其他神经元，即中央细胞体发出的电信号沿着轴突传递。神经元之间的接触区称为突触，它指的是一个神经元的轴突末端与下一个神经元的树突起始处之间的区域。

---

* G. N. Amzallag, *L'Homme Végétal. Pour une Autonomie du Vivant*, Albin Michel, 2003: 27.

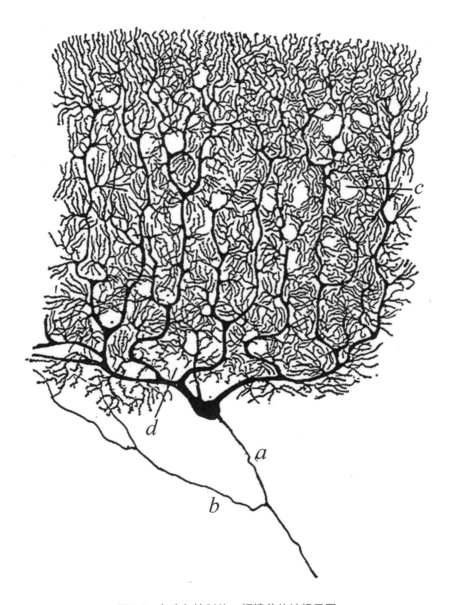

图 7.2 卡哈尔绘制的一幅精美的神经元图

生长与修剪

突触并非固定不变,它们会根据接收到的电信号不断重塑。因此,突触的维持或消除取决于该神经元对邻近细胞的信号的响应。如果神经元作出回应,突触将得到增强,并促进传递神经冲动所需的蛋白质的合成,从而提高其对相同神经元的反应能力。在神经元群被多次同步激活后,大型网络逐渐出现并稳定下来以增强其连接效率,使得神经冲动在这些网络中能够更加轻松高效地传递。这种现象被称为突触可塑性,因为神经系统具有这种"生长"的能力(类似于植物的生长),能够根据环境刺激改变其结构和功能。

人类的整个童年时期是突触特别活跃的一个阶段。在出生时,婴儿的大脑中约有1000亿个神经元(它们将伴随其一生),随后每个神经元将建立多达15 000个连接。起初,大量的连接以重复且随机的方式在突触间产生,尤其是在出生的第一年;随后,只有那些在同时活跃的神经元之间的连接会被保留,其余的则被消除(正如英语中所说的 use it or lose it,即"用进废退")。这就是突触修剪现象(又一个来自植物界的术语)。这个过程贯穿人的一生,但在幼儿期至青春期初期尤为强烈。这个阶段对发育至关重要,因为消除无用的突触能够确保神经网络更高效地运作,从而使大脑更强大。在某种意义上,突触可以说是少而精。

我们可以将此现象与修剪灌木丛作类比(图7.3)。幼儿的大脑就像一片灌木丛,枝条向各个方向生长(在大脑中,神经元之间的突触就是这些枝条)。因此,必须对其进行修剪,剪掉多余的或效率低的枝条,以巩固整个灌木丛的生长。修剪还能促进分枝,即新枝条的生长。归根结底,认知能力的发展并不取决于神经元或连接的数量,而在于形成稳定的回路,以确保信息的有效传递。

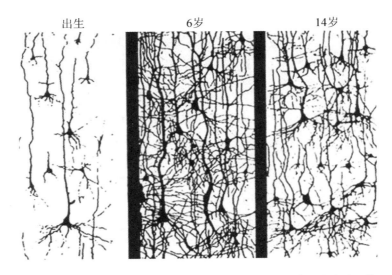

图7.3 最左侧为婴儿出生时的突触网;突触修剪会消除那些在幼儿期未被激活的突触

然而,大脑的不同区域有不同的成熟期。首先,在童年时期,突触修剪主要发生在大脑的运动和感觉区。随后,修剪会影响那些涉及更复杂信息处理的区域,如与推理和计划能力相关的前额皮质。随着时间的推移,这些专业化的网络逐渐形成,以支持行走、语言、阅读、自我意识、与他人的互动。在突触的修剪中,环境刺激(即教育)起着至关重要的作用。如果没有足够的刺激,过多的连接将会被保留,反而使大脑变得不那么复杂也不那么丰富。

分形实为最优解

大脑成熟的另一面则在于树突。如果某个神经元与其他多个神经元互动,那么其树突(围绕细胞体的树状结构)数量也会增加,使得大量的分支和子分支向各个方向延伸。在儿童发育的过程中,树突不仅会增长,而且还会随着大脑功能的发展增加其分支的数量。为什么树突的复杂性对于大脑的良好运作是必要的？数学家给出了一个令人惊讶的解释。树突的特点之一在于其分形结构，即它们的图案在越来越小的尺度上重复出现。换言之，树突具有自相似性：无论以何种缩放比例观察，我们都会看到相同的树形图（图7.4）。

虽然分形结构是由法国数学家曼德尔布罗（Benoît Mandelbrot）于1975年首次提出的，但事实证明，它广泛存在于自然界之中，如晶体和植物的生长、肺泡的结构、神经元之间的树突网络结构。分形在如此多样的环境中出现，其背后可有原因？其中一种解释是，这种结构提供了与环境的最佳接触面。就神经元而言，分形使得它与外界的接触面变大，从而最大化了其与其他神经元的交流。神经元之所以呈现出树木或灌木丛的分支外观，是因为这种结构有利于信息在大脑中的传递。由此，我们可以更好地理解植物与大脑结构之间的美妙巧合了。

图7.4　由数学构建产生的树形结构，相同的图案在每个子部分中重复出现

兼具强大与美丽的树形

一旦大脑发育成熟,所有生长和筛选的过程会赋予其一种独特且复杂的组织结构。大脑切片(图7.5)非常直观地展示了其结构的多样性,无论是神经元还是在整个器官层面,大脑细胞的形态、各分层的几何组织以及多样的形状都令人着迷。大脑的每个区域(如皮质、小脑、纹状体等)都是微观或宏观层面上的精细杰作。这种细节上的极致丰富让我们联想到植物界的纷繁之美。这个类比是如此贴切以至于一些解剖学家将他们在皮质回旋中发现的某些树状结构(如小脑中的树突,图7.5)称为"生命之树"。

图7.5　图示为大脑切片:从图中可以看到小脑,小脑在动作的协调和执行中起着重要作用,它独特的形态被称为"生命之树"

与人们长期以来的认知相反,这些树形结构在人的一生中是持续生长的。尽管大脑在20岁左右达到成熟状态,但它并不会随即开始缓慢且不可避免地退化,而是继续进化。修剪无用的突触和强化神经回路仍然起着关键作用,即使其强度较儿童或青少年时期有所下降。根据生活环境,新的连接会建立,一些旧连接则会消失。例如,学习一种乐器将会在你的听觉和运动区域之间建立起新的连接。

接纳我们内在的植物性

人的大脑就像一座花园,只不过在这里,我们种植的不是花卉和蔬菜,而是突触连接。这座大花园里有1000亿棵小植物,它们形成了极其复杂的网络。建立这些网络往往需要数年的时间(想想学会阅读需要花费的年限),直到神经元分支能够稳定。那么问题来了:谁是花园的园丁? 神经元的维护工作是如何进行的?

目前只有少数科学家在研究这个问题。我们所能知道的为数不多的信息是:某些细胞(如神经胶质细胞,一种与神经元共存并占大脑细胞总量50%的细胞)在神经元的修剪过程中发挥着积极的作用,尤其能清理老化轴突的残骸*。形象地说,这些细胞不仅拔除花园里的杂草,还能消灭害虫,收集落叶。

此外,这座花园并没有一个控制所有操作的园丁总管。换言之,一切都是在局部以自行组织的方式进行着,就像在野外一样。德勒兹对此早有预感,他在谈论大脑时曾说:

> 许多人的脑袋里都有一棵树,但大脑本身更像一株草。**

德勒兹对树和草进行了区分,树本质上是一种等级结构,而草是一

---

* A. Boulanger, C. Thinat, S. Züchner, L. G. Fradkin, H. Lortat-Jacob, J. M. Dura, "Axonal chemokine-like Orion induces astrocyte infiltration and engulfment during mushroom body neuronal remodeling", *Nature Communications*, 12(1), 2021: 1849.

** G. Deleuze, F. Guattari, *Mille Plateaux*, 24bc, Éditions de Minuit, 1980, et www. webdeleuze. com/textes/361.

种无等级、在各个方向发展的无序结构（就像根茎一样）。为了说明这一点，德勒兹引用了美国神经生物学家罗斯（Steven Rose）的研究。罗斯将缠绕着轴突的树突比作绕在荆棘上的牵牛花，以此解释树突形成多个突触的方式*。突触网络的发展与某些植物无法预测的生长确实十分相似，它们的芽能在任意一点上分支。

但大脑结构与植物结构之间的相似性是否真的有意义？换言之，这些相似性是否能告诉我们一些有关大脑功能的实际知识？首先，这种结构上的相似性表明，它们之所以具有类似的复杂生长模式，其根源可能在于具有相同的组织法则。这是否反映了植物和动物之间存在某种遥远但真实存在的联系？这些问题目前在科学界引起了很多讨论，有时甚至是激烈的争论。

在阿莱**看来，植物的一个特征是其固定性以及由此带来的直接后果：它无法逃跑。这意味着它学会了面对逆境，而不是像动物那样逃跑。为此，植物发展出了很强的抗性。植物的一个强项就是其强大的根系。当你想要清除土壤中的杂草，哪怕不断除去新生部分，土壤内总会残留一些生命，随时准备再次发芽长出。在植物的生命中，这种根系需要植物付出大量的耐心和毅力。

从这个角度来看，这难道不是植物给我们上的重要的一课吗？法国哲学家魏尔（Simone Weil）将人的扎根定义为"人类灵魂最重要但最被忽视的需求"，她坦言道：

> 一个人通过实际、主动和自然地参与到一个集体的存在中来获得根基，这个集体保留了一些来自过去的财富和对未来的一些预感。自然的参与，意味着由地方、出生、职业和环

---

* S. Rose, *The Conscious Brain*, Harmondsworth, Middlesex, Penguin Books, 1976.

** F. Hallé, *Éloge de la Plante. Pour une Nouvelle Biologie*, Points, 2014.

境自动带来的参与。每个人都需要有多重根基。*

植物依靠根系逐渐巩固其基础和生长,人也需要依靠亲人和一个熟悉且稳定的环境,我们还需要一处自然空间来恢复精力和实现自我成长。

亲自种植一株植物并花时间观察它的变化是体会这个道理的一种直观方法。但遗憾的是,人的5种感官无法全面记录植物的生长过程。植物在一个我们无法直接感知的时空中变化。为了解决这个难题,我们需要每天观察植物,回忆它们前一天的形态并在脑海中进行比较。这需要注意力和耐心,但相信我,这份投入是值得的。从种子到根,从茎叶的发育到花蕾的出现,直至花朵的绽放,植物世界教会人类欣赏缓慢的力量。

---

* S. Weil, *L'Enracinement*, Gallimard, 1990.

◇ 第八章

听从内在的节奏

法国歌手穆斯塔基（Georges Moustaki）在他的一首歌中温柔地邀请我们"放慢生活的节奏，自由自在［……］，不做计划，抛开习惯"。一隅绿色也向我们发出了相同的邀请：给自己留出一些时间吧，抽离生活的旋涡，感受自己的存在。漫步在花园里，宁静的氛围让我沉浸其中，感受花朵以它的节奏缓慢生长而散发出的从容。我的心灵重获平静，有了一种焕发新生的感觉。

人们常常忽视流动于生命体中的时间，是它让生物钟得以运转。这种时间是如此显而易见以至于我们不愿去关注。但与生物共存就意味着尊重和理解其节奏及带来的规则。这让我想到了影响着人类生活的多种自然周期。

近乎完美的生物钟

生物圈受到由地球自转所引起的昼夜交替节律的影响。因此，人的生理过程也与一天中的不同时刻相匹配。为此，让我回顾一下在第五章中描述的生物钟。这个时钟根据阳光调节其节律，整个周期接近24小时。所有的生物都遵循这个节律，它是一个非常精确和重要的体系。体温变化、激素波动以及其他参数如警觉性，都会对这种外部同步作出反应。

　　我想要引用西弗尔的一句话，他曾孤身一人在洞穴中待了两个多月，他说："在地下，没有参照物，是大脑创造了时间。"*我们在之前的章节中也已经提过，这种节律是由位于视交叉上核的一小部分神经元（大约10 000个）在大脑中进行协调。然而，尽管这个主生物钟可以自主运行，且具有堪比瑞士手表的精确度，但它并不完美，它需要定期根据光照来重新同步，以保持更高的精确度。

　　这个主生物钟随后会协调分布在不同器官中的其他许多生物钟——它们也都有各自的分子周期（图8.1）。例如，人体中存在一种饮食生物钟，它负责调节消化系统，为进食做好准备。事实上，在动物界中，预判和预留进餐时间的能力对生存至关重要，尤其是在食物短缺的情况下。因此，正如法国斯特拉斯堡大学神经生物学家沙莱（Étienne Challet）的研究证明的那样，人体中存在一个由多个大脑生物钟网络组成的饮食生物钟，它能调节人体的饮食预期，并在进食后重新设定时间**。此外，还有其他生物钟参与调节体温、血液循环、新陈代谢乃至头发的生长（其强度在一天中也会有所变化）！

　　这些周期变化是如此根本以至于当研究人员把细胞分离出来放在培养基中培养并用恒光照射时，这些节律在细胞内部也能维持。那潜在的分子机制是什么？1971年，加州理工学院的本泽（Seymour Benzer）教授在他的实验室中给出了第一个答案。在果蝇身上，本泽教授发现

---

　　* D. Dubuc, "Michel Siffre: Sous terre, sans repère, c'est le cerveau qui crée le temps", *Le Monde*, 05 mai 2017（www.lemonde.fr/tant-de-temps/article/2017/05/05/michel-siffre-sous-terre-sans-repere-c-est-le-cerveau-qui-cree-le-temps_5122609_4598196.html）.

　　** É. Challet, *et al.*, "Lack of food anticipation in Per2 mutant mice", *Current Biology*, 16(20), 2006: 2016-2022.

了一个特殊的基因,他随后将其命名为周期基因*,该基因每24小时会合成一些蛋白质。

这位生物学家还发现,这类生物钟基因不是神经元特有的,而是在几乎所有的身体细胞中表达。自此之后,许多其他的生物钟基因相继被发现,如clock、tim、bmal和cry基因。它们以一天24小时为周期循环工作,并在早晨和傍晚达到活动高峰**。因此,时间被铭刻在人体内大多数细胞的细胞核中,许多基因的活动都按照约24小时的节律波动***。2017年的诺贝尔生理学或医学奖就授予了3位从事生物钟研究的科学家。

激素分泌的昼夜节律变化是威力最大的,它们能影响整个身体的生理机能。例如,在白天时,我们在血液中几乎检测不到由松果体分泌的褪黑素。随着光线减弱,它在傍晚时开始产生,并在凌晨2—4时之间达到高峰。相反,皮质醇是在早上醒来之前产生的,它能助力身体的全面激活。还有一些激素仅在睡眠和深度睡眠,尤其是在深度睡眠的初期存在。例如,生长激素在这一时期最为活跃,它对儿童的骨骼和肌肉的生长至关重要。对于成年人来说,这种激素在新陈代谢中发挥着重要的作用,能够促进蛋白质合成或帮助燃烧脂肪。

---

* R. J. Konopka, S. Benzer, "Clock mutants of Drosophila melanogaster", *Proceedings of the National Academy of Sciences*, 68, 1971: 2112–2116.

** L. S. Mure, H. D. Le, G. Benegiamo, M. W. Chang, *et al.*, "Diurnal transcriptome atlas of a primate across major neural and peripheral tissues", *Science*, 359 (6381), 2018.

*** M. H. Vitaterna, D. P. King, A. M. Chang, J. M. Kornhauser, P. L. Lowrey, J. D. McDonald, W. F. Dove, L. H. Pinto, F. W. Turek, J. S. Takahashi, "Mutagenesis and mapping of a mouse gene, Clock, essential for circadian behavior", *Science*, 264 (5159), 1994: 719–725.

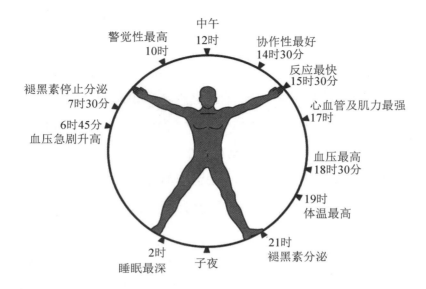

图8.1 生物钟根据日照调节所有的生理功能，以近24个小时为一个周期

别忘了月亮的周期

还有一些生物周期运行的时间更长，例如根据月相调整的节律，其周期大约为30天。最为人知的月相周期是女性为期28天的月经周期。由于月经周期和月相周期的相似性，美洲原住民将女性的月经期称为"月亮时间"。这种假定的联系成为许多与月亮能量有关的神话或传说的起源，也衍生出很多的文化传统。长期以来，一些科学研究则一直试图建立月亮周期与月经周期之间的关联，但结果并不显著。

直到2021年，一项发表在《科学进展》杂志上的研究*才让我们明白，其中的联系并非那么神秘。德国维尔茨堡大学神经生物学和遗传

---

* C. Helfrich-Förster, S. Monecke, I. Spiousas, T. Hovestadt, O. Mitesser, T. A. Wehr, "Women temporarily synchronize their menstrual cycles with the luminance and gravi-metric cycles of the Moon", *Science Advances*, 7(5), 2021.

学教授弗斯特（Charlotte Förster）及其团队提供了初步证据。他们研究了22名女性的月经周期，这22名女性都在笔记本上记录下了自己的月经周期，其中一名甚至记录了长达32年的月经周期。随后，研究人员将以上数据与相应年份的月相变化周期进行对比。结果显示，平均而言，对于35岁以下的女性来说，她们有大约四分之一的月经周期都与满月或新月同步。过了35岁，这种同步频率降至十分之一。

然而，科学家对这种同步现象的起源仍然一无所知。研究人员对此保持谨慎态度，他们假设重力可能起到了一定的作用。事实上，月球位置的变化对地球上物体的引力变化都有很大的影响，潮汐现象就是一个例子。因此，人类的身体或许也能够感知地球这颗天然卫星所引起的缓慢且具有周期性的引力变化，然而，其中的机制尚待进一步发现。

季节性疾病

在更长的时间尺度上，季节变化对地球上所有的生命都有巨大的影响。季节的交替会显著改变很多环境参数，特别是温度、光照和降水。一些动物并不是被动地接受这些变化，而是尝试加以利用。有些动物会迁徙，有些会冬眠或者在繁殖上表现出时间性。尽管人类对季节变化的敏感度较低，特别是在工业化国家，现代生活带来了显著的舒适感，但人的一些特征仍然受到季节的影响。

对抗疾病的能力就是一个例子。多项研究明确表明，各种疾病的发病率在一年之中变化很大，通常在冬季达到顶峰。对于像流感（可能还有新冠）这样的病毒性疾病来说尤为如此，它们往往在12月至次年4月期间最为严重。其他疾病如心肌梗死、脑血管意外（CVA）和某些自身免疫病（如1型糖尿病、类风湿性关节炎）也表现出类似的季节性变化。

　　上述疾病的易感性差异表明,人类免疫系统的活力可能会随着季节变化而波动。事实上,这一点在一项涉及6个不同地理区域的国家的大型研究中得到了证实*。研究人员在一年之中的不同时间点采集了16 000多人的血液样本,并分析了22 822个基因的表达水平。在这些基因中,近四分之一(5136个)的基因的表达水平都表现出了季节性,其中包括一些参与免疫应答和炎症应答反应的基因。与逻辑相符的是,这些季节性基因在北半球和南半球表现出相反的时间性。这一发现可能可以解释为什么免疫系统在冬季对某些疾病的抵抗力更强,特别是在欧洲。冬季的炎症应答反应也更为明显,而且像关节炎这样的自身免疫病在这一时期也趋于加重。

　　在心理层面上(如第五章所述),光照和季节也会影响人的情绪和行为。一部分人对光照减少非常敏感,容易患上季节性抑郁症。季节性情感障碍通常就发生在日照时间逐渐开始减少的秋冬季节。

　　更令人惊讶的是,研究证明,人的认知功能也会随着季节变化。在一篇文章中**,比利时列日大学的研究人员对年轻人的智力表现进行了全年多次实验室测试。测试包括一系列考查注意力和工作记忆(即短期内储存信息)的项目。他们发现,受试者的注意力水平在夏至前后(6月中旬)达到峰值,在冬至前后(12月中旬)跌到最低点。相反的是,记忆力水平在秋分前后(9月中旬)达到最高值,在春分前后(3月中旬)呈现最低值。简而言之,即使我们未必意识到,但每年的季节变化也在影响着我们的智力表现。

――――――――――

　　* X. C. Dopico, M. Evangelou, R. C. Ferreira, *et al*., "Widespread seasonal gene expression reveals annual differences in human immunity and physiology", *Nature Communications*, 6(1), 2015: 1–13.

　　** C. Meyer, V. Muto, M. Jaspar, "Seasonality in human cognitive brain responses", *Proceedings of the National Academy of Sciences*, 113(11), 2016: 3066–3071.

每10年一次的全身置换

细胞的更新为人的身体带来了另一个循环。就像树木的叶子凋落又再生,人体所有的细胞最终都会走向凋亡并被新的细胞取代,这个过程将持续我们的一生。正如希腊作家普鲁塔克(Plutarch)描述的那样,雅典人虔诚地保存着传说中的忒修斯之船,"当旧的木板腐朽掉落时,他们就用新木板去替换,并将它们牢固地连接到旧木板上",我们的身体从某种意义上来说也在不断翻新。据估计,整体而言,人的身体大约每10年就会完全更新一次!

下面这些数据是相当令人惊讶的:人的身体大约有30万亿个细胞,分为大约200种不同的类型(皮肤细胞、肌肉细胞、心脏细胞、神经元等)。每天有200亿个细胞凋亡,并根据器官以不同的速度被替换。例如,小肠细胞(肠上皮细胞)更新得非常快,每2—5天就会更新一次。稍微耐久一些的皮肤细胞,其寿命为三四周。红细胞的寿命约为120天。肝细胞或肺细胞的寿命为400—500天,也就是说,一个50岁的人全部的肝细胞已经换过约40次了。

相反,神经元几乎不会更新,尽管大脑的某些区域会在一生中持续生成新的神经元,例如海马,它每天大约生成1400个新的神经元。通常情况下,我们每天会失去近9000个神经元(这只是一个估算值,具体数量从未被精确测量过)。如果这个数字让你感到担忧,那你大可放心,因为相较于我们拥有的约1000亿个神经元,这个损失微不足道!总体而言,神经元的寿命很长,它和我们同龄并和我们一起衰老。所以整体来看,人的身体比人要年轻。这是不是很令人惊讶?

照顾好你的生物钟

直到近15年,科学才开始真正理解生物节律对人体健康的重要性。将这些节律纳入研究范围,尤其是根据日出日落调整的昼夜节律周期,催生了一个新兴研究领域:生物钟学(chronobiology)。这门学科能给我们哪些建议?首先,尊重内在生物钟的自然节律。因此,请定期让身体"喘口气",在感到疲倦时或在固定的休息时间就寝,学会判断自己的精力水平并匹配合适的日常活动。与内在的生物钟保持同步,在该休息时逐渐慢下来;晚上不要进行体育活动;减少屏幕时间;避免摄入刺激性物质(咖啡、尼古丁等),因为这些物质都会提高人体的警觉性和体温。相反,要倾听由褪黑素水平升高发出的睡眠信号(打哈欠、眼皮沉重等)。这些信号引导你上床休息,并在黑暗的环境中入眠。

另外,昼夜节律的紊乱往往与慢性疾病的出现或加重有关。尤其是睡眠-觉醒周期的紊乱会增加精神疾病的患病风险。一项针对约8000名成年人且历时超过25年的跟踪研究*证实了这一点。研究人员对睡眠时长与患痴呆症之间的关系进行了分析,尤其是痴呆症最常见的表现形式阿尔茨海默病。分析结果显示,在50—70岁年龄段,每晚睡眠时间不足6小时的短睡眠者患痴呆症的风险比那些睡眠正常的人(超过7小时)高出20%—40%。

更令人费解的是,在患上痴呆症后,患者仍继续出现严重的昼夜节律紊乱。他们常在夜间表现出过度活跃或四处走动,而在白天处于嗜睡和行动迟缓的状态。随着病情的发展,这些问题会进一步恶化。当然,睡眠时长和患痴呆症(或其风险)之间的联系还不足以在两者间确立因果关系,很多其他因素,如胆固醇水平、血压和心血管疾病对此也有影响。但有一点是肯定的:遵循生物节律对大脑健康至关重要。

如果昼夜节律被打乱了,该如何恢复?我们在第五章已经讨论过,

---

* S. Sabia, A. Fayosse, J. Dumurgier, *et al.*, "Association of sleep duration in middle and old age with incidence of dementia", *Nature Communications*, 12, 2021: 2289.

当内在生物钟失调时,有很多方法可以让它重新同步。例如,自然光能帮助身体找回更健康的昼夜节律。对于那些无法保障每天外出1小时的老年人,使用特制的光疗灯来补充光照可能有助于改善睡眠,而且,最好能保持夜间睡眠环境的黑暗和安静。与采用药物治疗睡眠和行为障碍的方式相比,这种基于明确区分的光照和黑暗阶段的生物钟疗法几乎没有任何副作用。

时间疗法

遵循某些昼夜节律对服用药物也有帮助。事实上,药物的效果会因服用时间的不同而变化,它与患者的生物节律也有关系。因此,皮质激素在早晨使用的效果和耐受性更好,这可能和人体分泌皮质醇的自然节律有关,其分泌高峰在上午7—9时。同样地,氯米帕明作为一种抗抑郁药物,其最佳服用时间为中午,可能因为此时是血清素释放的高峰时段。此外,多项研究都指出了药物服用时间在癌症治疗中的关键作用*。尤其是,法国国家健康与医学研究院生物节律与癌症研究部门负责人莱维(Francis Lévi)博士的研究表明,氟尿嘧啶作为一种常用的消化道癌症化疗药物,其在凌晨4时注射的毒性是下午4时注射时的五分之一。

基于这一理念,多项研究正在尝试利用生物节律来提高药物的疗效或降低其毒性**。这就是时间疗法的原理。该疗法未来的挑战是什

---

* F. Lévi, *et al.*, "Randomised multicentre trial of chronotherapy with oxaliplatin, fluorouracil, and folinic acid in metastatic colorectal cancer", *The Lancet*, 350, 1997: 681–686.

** R. Dallmann, A. Okyar, F. Lévi, "Dosing-time makes the poison: circadian regulation and pharmacotherapy", *Trends in Molecular Medicine*, 22(5), 2016: 430–445.

么？进一步个性化药物剂量的安排,毕竟生物节律因人而异。这个挑战意义重大:通过时间疗法,医学可以充分利用影响着从细胞到整个人体的自然节律的力量。

◇ 第九章

与动物对视

对于所有经历过的人来说，与野生动物的邂逅往往成为人生中为数不多的难忘时刻之一。想象一下，你独自一人走在林间小道上。突然，你发现一只鹿正从灌木丛中注视着你。它的意外出现让你惊喜，你和它对视一会后，它便迅速消失了。这是一个极其强烈的时刻，恐惧和一种与生物有着深厚联系的情感交织在一起，非比寻常又令人激动。荷兰灵长类动物学家、黑猩猩专家德瓦尔（Frans de Waal）在他的一部著作中记录了他与一只猴子的初次接触：

> 就在那一刻，我们的生活发生了变化，从那一刻起，我们立刻感受到了与这些生物的亲缘关系，想要更了解它们。*

"塑造人类的一切"

我曾有过几次与猴子面对面的经历，正如上文中德瓦尔坦言的那样，灵长类动物的目光无法不让人动容（图9.1）。对于德瓦尔来说，这段经历不仅在他的科学生涯中起到了决定性作用，也对他的个人生活产生了深远的影响。

---

* F. de Waal, *Les Grands Singes. L'Humanité au Fond des Yeux*, Odile Jacob, 2005.

图9.1 灵长类动物的目光令人着迷，因为它以独特的方式展示了猿类和人类之间的某些共同之处

我们作为人类，是不是一种独特的存在？自17世纪以来，这一观点被广泛接受：人的内在世界使人类与动物有了根本性的区别。诚然，从生物学角度来看，人与其他动物相比并没有任何特别之处，但在思想、主观性和"精神品质"方面，我们坚信自己与非人类有着本质区别。这也是笛卡儿（René Descartes）的观点，他觉得动物就像自动装置，是由零件和齿轮组成的，缺乏意识和思想。法国博物学家布丰（Georges Buffon）在1770年完美地总结过这种观点，他说猴子"纯粹就是一种动物，只不过外表戴着人类面具，但内在缺乏思想和一切使人成为人的特质"。

如此亲近又如此遥远

只需与动物对视，就足以明白布丰的错误：不是智人才有存在、主观性、智力，以及那些言语难以表达的神秘部分。想想你的宠物，你对这只与你朝夕相伴的生物有多了解？显然，你觉得你对它了如指掌。你能描述它的外貌、身体特征乃至性格：它可能天性多疑或温顺，有时鲁莽或好斗，你甚至知道它的饮食偏好。

但无论你的观察多么敏锐，关于你"最好的朋友"，有一件事你始终无法了解，那就是它的内在感受。你还记得我们在第六章中提到的颜色的主观体验特性吗？对于他人对颜色的体验，我们永远无法感同身受。因此，想象自己是一只动物也无济于事：无论我们怎么做，动物与人的相异性是无法逾越的。

1974年，美国哲学家内格尔（Thomas Nagel）在《哲学评论》（*The Philosophical Review*）杂志上发表了一篇题为《做一只蝙蝠是什么感觉？》（What is it like to be a bat?）的文章，在这篇著名的文章中，他指出了接近动物主观世界的不可行性。内格尔认为，由于人类无法进行回声定位，所以人类永远无法主观体会像蝙蝠那样进行定位的感觉。每种动物都有它自己的"主体世界"*，这个世界可能和我们的世界一样意义丰富，并且影响着动物的行为。但这些动物世界彼此之间截然不同，遵循各自的逻辑。

毫无疑问的是，动物能体会情感并有意图地做出行为。我们以黑猩猩为例，灵长类动物学家珍·古道尔（Jane Goodall）对它们赞叹有加：它们能制造用于获取食物的工具；它们对一些同类也有感情，并适时表现出来；当同类去世时，它们也会感到悲伤。我们对这种迷人生物的了解越深，就越能发现它们与人类之间的相似性。

要知道人类的大脑与猴子的大脑，甚至更广泛地说，与哺乳动物的大脑并没有根本区别：相同的解剖结构、相同类型的细胞和相同的神经系统机制。别忘了，在地球生命的时间尺度上，"人类思想的历史"是很短的。我们认为，人类这个物种是在大约30万年前出现的。因此，从进化的角度看，将人类的思维主观性与我们的哺乳动物表亲，特别是灵长类动物的主观性区分得如此彻底，似乎是非常困难的。

---

* 引用德国动物行为学家于克斯屈尔（Jakob von Uexküll）的表达。

镜子啊镜子

尤其是,人与所有的灵长类动物共享一种特殊的神经元:镜像神经元。20世纪90年代,意大利帕尔马大学里佐拉蒂(Giacomo Rizzolatti)教授及其团队在猴子身上发现了这种神经元。在我看来,这一发现是近几十年来神经科学领域最重要的科学突破之一。研究人员在灵长类动物的大脑中发现了一类特殊的细胞,这些细胞在该动物做出某个动作和看到其他同类做出相同动作时都会被激活,因此被称为"镜像神经元"*。这类神经元的存在随后在人类身上也得到证实,其位置在解剖学上与猿类的相近(图9.2)。

换言之,镜像神经元深深地扎根于人类的进化历史中。当我们面对另一个人时,我们的神经元会立即尝试与对方的神经元"连接",在某种程度上形成两个神经系统间的共鸣。这是一种即时的交流,它通过五官收集到的数百条线索,让我们在一瞬间对对方产生第一印象。动物也是如此。

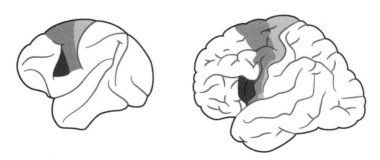

图9.2 图示为猕猴(左)和人类(右)大脑左半球的侧视图:浅灰色部分是运动皮质,灰色部分是前运动皮质,深灰色部分分别是猕猴和人类的镜像系统(分别包括F5区和BA44区)

---

* G. Rizzolatti, L. Fadiga, V. Gallese, L. Fogassi, "Premotor cortex and the recognition of motor actions", *Cognitive Brain Research*, 3, 1996: 131–141.

镜像神经元是人对同类产生同理心的基础。这种"和他人感同身受"的能力是一种非常古老的特征，是在灵长类动物的进化史中逐渐形成的。当我们看到某人遭受痛苦时，我们也会被影响并感到不适。感受到他人的痛苦会产生帮助他人的想法。从这个角度看，人类的同理心与生物进化的框架非常契合。这是一种本能和自动的反应。

那么问题来了：当做出动作的主体与人不是同一个物种时，这个镜像系统是否也会被激活？事实上，里佐拉蒂及其团队在发现镜像神经元的同时就观察到了这一点*。这个发现非常意外……当时研究人员正在实验室里吃披萨，猴子在一旁看着他们吃，每当有人伸手去拿披萨时，猴子的神经元就会被激活，就好像它也在大脑中"吃"了一块披萨一样！

为了验证猴子和人类的角色在这种情况下是否可以互换，研究人员设计了以下这个非常有趣的实验**。受试者（人类）观察由3个不同物种（另一个人、一条狗、一只猴子）做出的进食或语言行为。通过功能成像，科学家发现，看到动物进食会激活人类大脑中对应的皮质。相反，不同物种做出的交流行为对人类大脑的激活程度却十分不同：当受试者看到另一个人说话时，他们的镜像系统会被强烈激活，当他们面对一只呲嘴的猴子时，镜像系统激活的程度较弱，而当看到狗吠叫时，镜像系统几乎毫无反应。

尽管看到狗吠叫不会激活人的镜像神经元，但其他行为，如进食，则已经证明了两个不同物种的神经系统间能产生共鸣。这最终构成了

---

* G. Rizzolatti, C. Sinigaglia, M. Raiola, *Les Neurones Miroirs*, Odile Jacob, 2008.

** G. Buccino, F. Lui, N. Canessa, *et al.*, "Neural circuits involved in the recognition of actions performed by nonconspecifics: an fMRI study", *Journal of Cognitive Neuroscience*, 16(1), 2004: 114−126.

人与动物之间基本联系的神经基础。在人与动物的大脑中,同一根弦发生了振动,产生一种亲缘感,一种与大猩猩、哺乳动物或者更广泛而言,与其他所有动物相互联系的感觉。观察动物、认识动物、与其相伴,就是接受以不同的方式看待它们,并理解人与动物之间的亲缘关系。

动物辅助治疗?

动物的陪伴带来的心理益处是不可否认的。仅仅是抚摸动物就能给人带来幸福感,并增加抗压激素内啡肽的分泌,同时降低压力激素皮质醇的水平。动物给人类健康或整体幸福感带来的积极影响,早已促使人们在医疗中心引入宠物。最早的动物辅助治疗可以追溯到20世纪初的美国,当时美国空军的一家飞行员医疗中心引入了陪伴犬,以加快飞行员的康复并提升他们的士气*。如今,在那些生活在护理机构中的阿尔茨海默病患者中,动物陪伴的益处已经得到了证实**。此外,陪伴犬对孤独症患者和患有创伤后应激障碍的人的积极影响也被多次报道。

那为什么动物的陪伴能改善人的心理健康?前几年辞世的著名生物学家威尔逊(Edward O. Wilson)曾提出过一个合理的解释。这个解释的基础是亲生物性(biophilia),即人与自然的天生亲近感。根据这个理论,动物长期以来一直被用作环境中监测危险的哨兵。从进化的角度来看,观察和关注陪伴动物的行为能提高主人的生存概率。人类可能仍保留着这段过去的记忆,一段与宠物共享的记忆,所以即使在今天,

---

* M. Maurer, F. Delfour, J.-L. Adrien, "Analyse de dix recherches sur la thérapie assistée par l'animal: quelle méthodologie pour quels effets?", *Journal de Réadaptation Médicale: Pratique et Formation en Médecine Physique et de Réadaptation*, 28(4), 2008.

** M. Churchill, J. Safaoui, B. W. McCabe, M. M. Baun, "Using a therapy dog to alleviate the agitation and desocialization of people with Alzheimer's disease", *Journal of Psychosocial Nursing and Mental Health Services*, 37(4), 1999: 16-22.

它们的陪伴也能立即给我们带来安全感。

更令人惊讶的是，与宠物对视会在人体内引发特定的激素反应。你可能听说过催产素，当我们对某人产生同理心时，大脑中的下丘脑会分泌这种激素。它主要与我们在他人面前感受到的信任和安全感相关。例如，女性在分娩后，大脑中的催产素水平很高，它能够促进母性行为，并有助于建立母婴之间的特殊联系。催产素还会在许多方面影响我们与他人的行为，如倾听和情感表达。

发表在《科学》杂志上的一项日本研究表明，当人类和狗对视时，双方大脑中的催产素水平都会上升，从而增强了彼此之间的联系*。进行该研究的日本科学家认为，这一机制可能促进了大约 30 000 年前人类对其最好的朋友——狗的驯化。在这数万年间，狗对人类意图的理解能力通过这种"凝视纽带"得到塑造，这和母亲与孩子通过对视巩固关系的机制相同。因此，催产素这种激素在某种程度上将人类与动物连接了起来（图 9.3）。

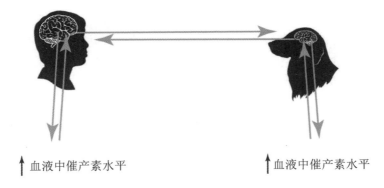

↑血液中催产素水平　　　　　　　　↑血液中催产素水平

图 9.3　当主人与狗对视时，双方大脑中的催产素水平都会上升，从而增强彼此之间的联系

* M. Nagasawa, S. Mitsui, S. En, *et al.*, "Social evolution. Oxytocin-gaze positive loop and the coevolution of human-dog bonds", *Science*, 348(6232): 2 015 333–2 015 336.

　　这项研究的结果解释了宠物如何成为人类自身历史的一部分,给出了宠物对人体健康有益的原因。尽管从系统发育的角度来看,人类在基因上与小鼠而不是与狗更接近,但我们最好的朋友是由人类且是为了人类而塑造的。当然,我们也不能忽视狗的存在对人类自身进化的影响。狗协助人类狩猎,保护我们免受捕食者的侵害,使我们更容易获得食物资源。如今,人类与狗的关系依然极其密切,尤其表现在陪伴犬为老年人、盲人和孤独症患者提供的心理支持,以及它们在孩子情感建设中所起的作用。

◈ 第十章

让孩子们自由撒野

有一类人若能多接触大自然,将受益无穷。没错,就是孩子们。如今,他们接触自然的机会很少。据估计,儿童花在屏幕前的平均时间是户外活动时间的6倍*。城市建筑的密集化是出现这种令人担忧的现象的原因之一,它导致街区内的小型绿色空间都消失了。即便有几块小绿地,也只是为了避免任何磕碰或刮划。虽然这些设计很好地满足了安全要求,但它们提供的是一种接近无菌的体验。如果我们把一个孩子带到森林中,他会做些什么? 他会自发地去探索、尝试和发现。他会在林间奔跑,把手插进沙子里,挖泥土,跳水坑,玩棍子或者爬上树!他所有的感官都投入到了这场冒险中。这些时刻对他来说是如此丰富多彩。

我们不得不承认,首先应该被指责的其实是成年人。我们习惯性地让孩子出去玩,其实只是为了消耗他们过多的精力:"你太闹腾了,出去玩一会儿吧!"自然难道只是一个发泄的出口吗? 当然,通过前面的章节你已经明白,带孩子去到自然中是大有裨益的:这种宝贵的接触有助于培养他们的注意力和创造力,减轻压力和焦虑。由于他们的大脑正处于发育阶段,这些益处更为显著。

---

* 大卫·铃木基金会(Fondation David Suzuki)。

但这不是我想说的重点。我在前文中提到,城市中的公园和花园提供的是一种贫瘠版的自然,这不仅仅是一个比喻:这些绿地确实缺少了许多在乡村自然中生活的微生物,而这些微生物在进入人体后,会对人的健康产生重要影响。孩子与自然元素之间,特别是与细菌之间,会形成一种有益健康的联系。甚至有证据表明,一个人在童年时期与大自然相处的时间越多,这种联系对终生的身心健康的益处就越大(图10.1)。那么,这种影响首先作用于身体的哪个部位?

蝴蝶在肚子里扑腾

众所周知,肠胃有自己的情绪。"肠胃打结""难以消化一个消息""牵肠挂肚"这些日常生活中常见的表达都诠释了情绪和肠胃之间的深层联系。长期以来,科学家一直无法确切解释这一现象。为什么要关注身体的这一部分?胃和肠不就是一个管道系统吗?它并不美观,有时还会发出噪声,且主要功能就是消化食物。

图10.1 两个孩子快乐地在户外玩耍,双手都是泥

　　肚子一直以来都被视为阴暗的所在，是人体中与自然需求、繁殖相关的污秽部分，换言之，它代表着人的动物性。这与大脑形成了鲜明的对比，大脑像一顶王冠，赋予人类智慧，让我们能够实现最崇高的目标。然而，这种二元论已经遭到了质疑。就在这几年，肚子"声名鹊起"，一跃成为前沿研究领域。随着研究成果不断涌现，科学家逐渐意识到其运作的精妙和功能的重要性。其实，我们"肚子里"的东西远比表面看起来的要复杂得多！

　　那么，我们的肚子里究竟藏着什么神秘的宝藏？首先是神经元：人的肚子里有2亿个神经元，它们负责消化功能，同时与大脑进行信息交流。这就是所谓的肠神经系统，它分布于整个消化道。人体的消化道非常长，从食道一直延伸到肛门。肠神经系统覆盖了整个消化系统的表面，后者的平均长度为10—12米，面积约为400平方米，相当于一座宽敞的阁楼！从进化的角度来看，肠神经系统的起源非常古老：它被认为是生命树上最早出现的神经系统形式，远早于大脑的出现。科学家在水螅体内也发现了肠神经系统。水螅体内有一些微小的消化管，水和营养物质通过其内壁的纤毛运动来循环。此外，从胚胎发育的角度来看，"腹脑"的神经细胞与"主脑"的神经细胞具有相同的起源。但在胎儿发育的某个阶段，这些神经细胞分离出了一部分并迁移到腹部以形成肠神经系统。因此，脑神经和肠神经系统这两个"大脑"具有相同类型的神经元。

　　更令人惊讶的是，肠神经系统能够完全独立于其他的神经中枢运作。例如，它能独自协调复杂的肠道蠕动——一种贯穿整个消化道的肌肉收缩活动，从而促进肠道内容物的通行。而且，人的两个"大脑"——上面的和下面的大脑——能够彼此互动，科学家已开始破译这种发生在身体内部垂直方向的无声对话。举个例子，任何经历过考试的人都知道情绪（比如压力）可以影响我们的消化系统。反之亦然："肠道大脑"也能影响人的情绪和精神状态。

肠胃与大脑之间的交流是如何实现的？来自肠胃和内脏的信息主要通过一条中央神经即迷走神经传递（图10.2）。这条神经也被称为游走神经，因为它是所有神经中最长的，并且能延伸至人体的大部分区域：它从头部出发，穿过颈部，在肺部停留后又继续向前到达心脏，然后再向下延伸至腹部，并在那里支配消化系统的器官，因此它也被称为肺胃神经。通过这条交流路径，肠胃向大脑发出进食或饱腹的信号。

当我们享用美食时，也正是这组神经纤维向大脑传递愉悦感。这类信息首先被传递至脑干，然后到达下丘脑，并在那里产生一种激素混合物，带来满足感和饱腹感。相反，当我们感到压力时，肠神经系统会变得非常敏感。这会导致一些不适症状：例如焦虑时，胃就像打了结一样难受或者感觉肚子里有一群蝴蝶在扑腾。如果长期处于压力下，迷走神经可能会引起慢性肠道疾病或功能性消化障碍。

两个"大脑"之间还存在一种间接的交流方式，即通过血液交流（图10.2）。事实上，研究人员已经证实肠神经系统（以及整个肠道）构成了一个名副其实的化工厂，它通过血液循环释放各种对大脑至关重要的神经递质。尤其是，它生成了人体95%的血清素。这种激素在肠道内产生并释放后，通过刺激肠道蠕动作用于消化过程。同时它也作为神经递质在大脑中发挥作用，充当神经元之间的信使。在这方面，它常被称为"幸福激素"，因为它能激活奖赏回路，带来安宁感。相反，如果血清素水平低于正常水平，则会引起情绪低落、抑郁和焦虑。

你肯定听说过百忧解（Prozac）吧，它在20世纪90年代被称为"幸福药丸"，用于治疗抑郁症。实际上，它在医学上属于一类名为选择性血清素再摄取抑制剂的药物，这类药物能够通过增加大脑中的血清素浓度来发挥作用。尽管如此，在治疗重度抑郁症时，它的效果有时仍显不足。为此，关于"肠-脑轴"的研究在精神病学领域得到了加速发展，人们也更加清楚，为什么许多患有心理疾病、情绪障碍或抑郁症的人也常常伴有消化系统问题。

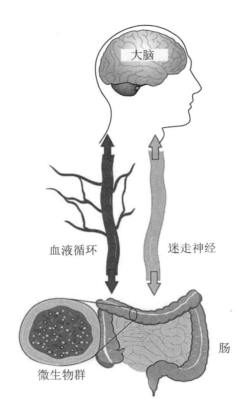

大脑

血液循环　　　　　　迷走神经

微生物群　　　　　　　　　　　肠

图 10.2　大脑、肠道和微生物群之间几种
不同的交流方式

"肚"中窥人

让我们澄清一个重要的观点：尽管有些误导性的说法将其称为"第二大脑"，但肠神经系统并不会"思考"，我们也不会在此检测到大脑那样的心理过程。然而，它确实能够"感受"和"反应"。它对压力和情绪很敏感，能够立即影响人的健康。长期处于重压之下会改变肠神经系

统,如性虐待*或早年生活中遭受的创伤。因此,它构成了一种内心深处的记忆形式。

我们也因此可以将整个肠道功能视为一种本能的感觉,由人与环境之间数十亿次微小反应的记忆和感觉变化组成。我们都经历过肠道应激时身体出现的反应。你肯定知道人在很紧张时肚子不舒服是什么感觉。肠神经系统也是我们作出正确决策时的信念来源。因此,这个"腹脑"是直觉的重要来源之一。多多留意它向我们传递的信号!

但事情的复杂性在于,理解肠神经系统还需要考虑另一个因素:肠道微生物群。实际上,我们可以将消化系统视为巨大的内在皮肤,与外部有着非常广泛的接触面。这层消化黏膜(也称为上皮)非常薄,仅由一层细胞组成!虽然看似脆弱,但这种微薄结构有助于肠道中的分子通过毛细血管网络扩散到身体其他部位。因此,肠道黏膜是环境与个体之间真正的交换界面。

正是通过这种方式,人的内在皮肤与大量外来分子包括真菌和病毒接触,尤其是与数量达100万亿个、种类达上百种的不同细菌**接触。这一整个微生物生态系统被称为肠道微生物群。它的总重量接近2千克,与人的主脑重量相当,是寄居在肠道中的细菌"动物园"。

微生物群在各方面都像一个隐藏在腹中的真实器官。自幼年起,我们就与它建立了真正的共生关系。每个人都有自己独特的微生物群。从我们出生的那一刻起,微生物群的构成就与每个人的成长史息

---

* D. Drossman, J. Nicholas, J. Leserman, *et al*., "Sexual and physical abuse and gastrointestinal illness: review and recommendations", *Annals of Internal Medicine*, 123 (10), 1995: 782-794.

** 法国国家农业科学院(INRA)于2008年发起并负责协调的MétaHIT研究。

息相关。例如,微生物群的组成根据分娩方式的不同而变化*。如果采取自然分娩,那首先在婴儿体内定居的就是来自母体(阴道和粪便)的菌群,尤其是乳杆菌(*Lactobacillus*)和普雷沃菌(*Prevotella*)。相反,如果是剖宫产,手术室环境和母亲皮肤上的细菌将成为婴儿微生物群的最早定殖者。另一个影响因素是母乳,因为母乳含有非常丰富的菌群,尤其是乳杆菌和双歧杆菌(*Bifidobacterium*),将对新生儿的微生物群产生长久影响。新生儿的微生物群在两岁左右趋于稳定。此时组成它的菌群在很大程度上会决定未来哪些细菌将伴随我们终生。此后,我们将一直保留这个微生物群的印记。

微生物群能够独立运作,并有其自身与肠神经系统的交流方式,构成了一个真正的生态系统,对人体健康至关重要。你知道吗,它还参与多种维生素 K 和 B 族维生素的合成。因此,人体肠壁覆盖着大量的"有益细菌",形成了一道抵御病原体的屏障。某些细菌能产生抗生素分子(如细菌素或乳酸)**,在抵御病原体方面发挥核心作用。这些有益细菌还能预防多种慢性疾病,如肥胖、2 型糖尿病或克罗恩病。患有肠易激综合征(也称为功能性结肠炎,全球患病率达 5%)的人,其肠道中乳杆菌的含量低于健康人群。富含这种菌群的饮食有助于缓解这种疾病***。

---

* C. Cherbuy, "Le microbiote intestinal: une composante santé qui évolue avec l'âge", *INRA, innovations agronomiques*, 2013.

** P. Langella, C. Bouix, "Le microbiote intestinal, un organe à part entière", *Le Quotidien du Pharmacien*, novembre 2016.

*** D. C. Jin, H. L. Cao, M. Q. Xu, *et al.*, "Regulation of the serotonin transporter in the pathogenesis of irritable bowel syndrome", *World Journal of Gastroenterology*, 22 (36), 2016: 8137-8148.

受影响的精神状态

我们似乎很难想象肠道菌群会对大脑功能产生影响。然而,事实却是如此,这一点已经通过多项动物和人类的研究得到了证实。研究发现,某些细菌能够合成神经递质,如血清素(正如前文所述,95%的血清素在肠道中产生)和多巴胺,它们都会影响人的情绪和行为。

更为重要的是,美国加州大学伯克利分校的研究人员发现,肠道微生物群与记忆之间存在联系*。在小鼠身上,科学家识别出几类对动物记忆有直接作用的肠道细菌家族,尤其是乳杆菌家族,包括罗伊氏乳杆菌(*Lactobacillus reuteri*),它是最早定殖于新生儿消化道的菌株之一。在清除小鼠肠道菌群中的这些细菌后,研究人员观察到,它们的记忆出现明显错乱,而在重新给小鼠补充这些乳杆菌后,它们的记忆得到了显著恢复。出现这一显著的效果可能是由于一些有益分子从肠道通过血液循环迁移到大脑,尤其是到达记忆的关键区域——海马。

更为惊人的是,爱尔兰科克大学的研究人员于近期发现,将年轻小鼠的粪便菌群移植到老年小鼠体内可以减轻后者的记忆障碍**。这表明,肠道微生物群能够逆转与衰老相关的认知衰退。如果以上结果在未来得到进一步证实,那么它将对老年医学和老年症状的预防产生巨大影响。当然,这条研究路径仍需在人体内进一步探索。

另一方面,通过在人类体内开展的研究,我们已经知道,微生物群对人的情绪有影响。在一篇于2019年发表在《自然》(*Nature*)杂志上的文章中,研究人员分析了1000多名比利时弗兰德地区居民的肠道微生

---

* J. H. Mao, Y. M. Kim, Y. X. Zhou, *et al*., "Genetic and metabolic links between the murine microbiome and memory", *Microbiome*, 8(1), 2020: 73.

** M. Boehme, *et al*., "Microbiota from young mice counteracts selective age-associ-ated behavioral deficits", *Nature Aging*, 1, 2021: 666–676.

物群。他们发现,在抑郁症患者的肠道菌群中,有两类细菌——粪球菌属(*Coprococcus*)和小杆菌属(*Dialister*)——的数量显著偏少*。然而,在解释这一结果时我们需要保持谨慎,因为这两类细菌的缺乏并不意味着它们是导致抑郁症的原因:可能只是患者的饮食习惯引起了菌群的变化。然而,其他研究证明,抑郁症患者在接受8周的益生菌治疗后(益生菌指摄入量足够时对健康有积极作用的活性微生物),其情绪会显著改善**。换言之,肠道微生物群中的细菌完全有可能改变大脑中的化学反应并影响我们的精神状态。

更广泛地说,干预肠道菌群的可行性为许多神经系统疾病的治疗开辟了新的研究方向。作为药物治疗的补充,或许可以通过调整肠道生态系统,增强患者对疾病的抵抗力或使其对治疗更为敏感。具体如何开展? 例如,增加患者体内某种有益细菌的含量,或部分重建患者的微生物群,从而使其消化道生态系统发生积极转变。诚然,肠道微生物群的具体组成与神经系统疾病之间的联系十分复杂,但这一治疗路径极具前景,已经成为临床研究的热点。

"老朋友"假说

让我们回到孩子们身上。长期以来,教育的趋势一直是让他们远离细菌。随着现代生活方式的普及、一系列卫生和消毒措施的推行,以及消毒产品和抗生素的使用,儿童接触细菌的机会在过去几十年中大

---

* M. Valles-Colomer, G. Falony, Y. Darzi, *et al*., "The neuroactive potential of the human gut microbiota in quality of life and depression", *Nature Microbiology*, 4, 2019: 623-632.

** A. Kazemi, A. A. Noorbala, K. Azam, *et al*., "Effect of probiotic and prebiotic vs placebo on psychological outcomes in patients with major depressive disorder: A randomized clinical trial", *Clinical Nutrition*, 38(2), 2019: 522-528.

幅降低。结果就是,具有潜在危险性的微生物已经从现代社会中消失了,这当然是一件好事。然而,这种过度清洁的生活方式也减少了儿童在早期与有益微生物的接触。尽管某些细菌是危险的,但我们体内还有数以亿计的其他有益细菌,它们能保护我们免受外界疾病的侵害。

因此这种生活方式也带来了一些不利的后果:幼儿体内微生物群的多样化和发展有所延迟。在某些情况下,微生物群和免疫系统的发育延迟会引起一些慢性病。部分科学家因此将微生物群的贫瘠化与一些所谓的"后现代"疾病联系起来:这些疾病也被称为文明病,如过敏或慢性炎症,以及包括抑郁症在内的情绪障碍。

许多观察结果都支持以下这个被称为"老朋友"的假说*,"老朋友"指的是人在幼儿时期先接触到的相对无害的微生物。这个假说最早是由英国流行病学家斯特罗恩(David Strachan)在20世纪80年代提出的。基于对17 400名英国人健康数据的研究,这位研究人员发现,家庭中年纪最小的孩子比其哥哥姐姐更少患鼻炎、过敏或湿疹。由于年幼的孩子比年长的孩子更频繁地接触细菌,斯特罗恩得出了一个看似矛盾的结论:环境中的微生物越多,某些疾病发生的风险就越低!

这一独特的理论在20世纪90年代得到了其他研究的证实,研究对象是生活在农场的儿童:由于经常接触周围动物携带的多种传染源,农场里的孩子患上像花粉症这样的过敏性疾病的概率较低。其他研究进一步证实了这一点:如果幼儿能在成长初期就接触微生物,尤其是在生物多样性高的自然地区,那他们患上过敏、哮喘和自身免疫病的概率就会降低**。

---

* G. A. Rook, *et al*., "Old friends for breakfast", *Clinical and Experimental Allergy*, 35(7), 2005: 841–842.

** M. Braumbach, A. Egorov, P. Mudu, "Effects of urban green space on environmental health, equity and resilience", in N. Kabisch, H. Korn, J. Stadler, A. Bonn, *Nature-Based Solutions to Climate Change Adaptation in Urban Areas*, Springer, Cham, 2017: 187–205.

简而言之，如果过度避免接触微生物，我们的免疫系统就得不到足够的刺激，反而变得越来越弱。

对于肠道微生物群来说，也是同样的道理，这一点已被近期大量的研究*证实。以下面这项研究为例，它对比了尼日利亚城市和农村人口的肠道菌群，结果显示，农村儿童肠道内的细菌种类比城市儿童的要丰富得多**。这一现象的根源在于饮食，农村人口以未加工的天然食物为主（块茎、种子、叶类菜肴），同时也与他们和自然环境的直接接触有关。研究人员得出的结论是，传统农村人口患上与工业化生活方式相关的疾病，如消化系统疾病和过敏的可能性要低得多。

洗个细菌澡

那我们该如何解决这个问题？是否应该降低公共卫生警戒门槛，允许"细菌入侵"人们的生活？这并不意味着全然放松卫生方面的要求。但是，根据目前的研究，肠道及其微生物群显然不只是一个普通的消化器官。它与人体健康密切相关，需要我们多加维护。为此，有多种方法可以确保肠道菌群的正常运作并"善待"人体内的细菌，要知道，它们与我们身体的其他部分一直保持着交流。

首先，请记住一点，身体是我们所吃食物的表现：肠道菌群反映了人的饮食习惯。每天摄入适量的益生菌、乳制品、纤维和抗氧化剂有助于滋养肠道内最有益的那部分细菌。

---

* F. Guarner, R. Bourdet-Sicard, P. Brandtzaeg, H. S. Gill, *et al.*, "Mechanisms of disease: the hygiene hypothesis revisited", *Nature Clinical Practice Gastroenterology & Hepatology*, 3(5), 2006: 275-284.

** F. A. Ayeni, E. Biagi, S. Rampelli, *et al.*, "Infant and adult gut microbiome and metabolome in rural bassa and urban settlers from Nigeria", *Cell Reports*, 23(10), 2018: 3056-3067.

　　但还有更简单的方法：通过直接接触大自然来丰富我们的微生物群。沉浸在自然环境中带来的好处在这方面体现得淋漓尽致。在某种程度上，进行园艺活动、翻翻泥土或者哪怕只是闻闻潮湿泥土的气味都能让人感到幸福！人通过皮肤或呼吸吸入的有益微生物在其中就发挥了作用。事实上，土壤中天然含有一种名为母牛分枝杆菌（*Mycobacterium vaccae*）的细菌，正如英国布里斯托大学劳里（Christopher Lowry）教授的研究*所示，这些微生物群会提高大脑中血清素的产量，我们一再强调，血清素是一种具有强抗抑郁效果的激素。所以，别害怕弄脏双手！

　　这一点对孩子们来说尤为重要：就让他们在外面玩吧，让他们玩土、玩沙、爬树。这种与自然的直接接触将帮助他们形成一个平衡的微生物群，能终生受用。让孩子们在自然中自由撒野，这对他们的健康和大脑都有好处！

---

　　* D. G. Smith, R. Martinelli, G. S. Besra, P. A. Illarionov, *et al.*, "Identification and characterization of a novel anti-inflammatory lipid isolated from Mycobacterium vaccae, a soil-derived bacterium with immunoregulatory and stress resilience properties", *Psychopharmacology* (Berlin), 236(5), 2019: 1653−1670.

◇ 第十一章

聆听山的寂静

法国诗人瓦莱里（Paul Valéry）曾提出一个奇特的建议："听一听当我们什么也听不见时的声音……一片寂静。这片寂静之于耳朵是无边无垠的。"* 寂静可否有质地或触感，以抚慰我们的听觉？我个人对此深信不疑。在为数不多的几个地方，沉默展现出它微妙的力量。在我看来，安静的群山极好地诠释了诗人笔下"无边无垠的寂静"。一种深沉的、庄严的、自然的沉默。在冬天，这片白雪皑皑的静谧，壮阔得像海洋里的蓝色巨人。

我对这种高山的沉默没有任何恐惧。恰恰相反，由于我有奥地利血统，从孩提时代起，便常常与家人在阿尔卑斯山区度假，很早就学会了欣赏这种沉默。它使我坚强，给我安慰。沉默不仅仅意味着没有声音或干扰，它还意味着没有语言的存在，因为与森林等其他充满了故事的自然空间不同，山里的景象无法用言语来命名、描绘或讲述。在某种意义上，我们只需保持沉默就能理解它。

山的轻吟

该如何解释沉默所释放的魅力？它的来源不仅是心理上的，因为

---

* P. Valéry, *Tel Quel*, Gallimard, "Bibliothèque de la Pléiade", 1960.

绝对的安静几乎不存在。从科学的角度看,真正的安静等于零分贝,这只出现在墙壁能吸收声波的"消声"实验室里。即使在最偏远的自然环境中,零分贝也不存在。任何环境都会以独特的方式产生鸣响。

你或许听过美丽的"沙丘之歌",其奥秘在21世纪初由法国物理学家杜阿迪(Stéphane Douady)解开*。马可·波罗(Marco Polo)和达尔文也曾描述过这一现象:有时在某些沙漠中会听到奇怪的震动声,这些声音其实是由沙粒相互摩擦产生的。高山也是如此:它们并非完全寂静。山的背景音,或者用科学术语来说,它们的自然音(指所有非生物来源

图11.1 作为日本的象征,富士山是19世纪日本画家尤为青睐的创作对象;这是一幅由日本画家葛饰北斋在1830—1850年间创作的水彩画,美国国会图书馆,华盛顿特区

---

* www.youtube.com/watch?v=t6Zt4XCHj3U.

的声音），主要来自风。更确切地说，风本身不会发出声音，我们听到的其实是风掠过岩石山坡产生的回声，几乎无法察觉（音量约为10分贝）。

因此，就像沙漠一样，山川也能产生一种歌声*，轻得像一股几乎无法察觉的气息，因其大部分的声音都在人类可听到的频率范围之外。如果我们倾耳聆听，山川的低语会让人感受到它的生命力。然而人类活动产生的噪声，尤其是飞机、汽车、建筑工地和开采等带来的引擎声，让山川的寂静一再被打破，它的声音也变得更难以被察觉**。

你上一次因为噪声发火是什么时候？你上一次享受周围的宁静又是什么时候？也许那时你正躺在床上或坐在花园里的长椅上休息。神经科学为我们揭示了宁静的诸多益处。听觉是一种始终活跃的感官，这正是耳朵的一大特点：它总在聆听任何细微的声音。听觉和视觉非常不同，视觉是我们主动去接触世界，而听觉是世界来到我们面前。回想一下你上次乘坐火车的经历：周围乘客打电话的声音不绝于耳，但你对此束手无策。耳朵可不像眼睛，不能合上眼皮就关闭！难怪从几百万年前开始，耳朵就已经承担了警报系统的角色。

只要有一点声音，大脑就会立即响应，产生各种应激激素（如皮质醇），身体就会对此作出反应，准备应对即将到来的危险。如果噪声长期持续存在，大脑就会不断地在体内释放这些激素，长期扰乱人的生理机能（尤其是降低免疫力并增加心血管疾病的风险，见第二章）。如果你生活在大城市里，可能知道那种烦躁的感觉，一点点的噪声就足以让人大发雷霆。在这种情况下，大脑在你还没有反应过来的时候，就已经通过分泌一些"刺激性"的神经递质来对抗听觉系统中产生的过多信号

---

* http://lucasmatichard.com/le-son-des-montagnes.

** D. Rouzier, B. Rivoal, "Silence! Les raisons de la colère", 2002（www.mountain-wilderness.fr/images/documents/dossierSilence.pdf）.

了。因此,每天忍受噪声的折磨只会让大脑疲惫不堪,小火慢熬式地摧毁身体。

一些人甚至会因为噪声病倒。根据多项国际研究的分析,当住宅周围的噪声水平超过60分贝时,居民患心血管疾病和心肌梗死的风险就会增加。以巴黎市的居民为例,根据世界卫生组织的结论,11%的巴黎人生活在噪声分贝超过法规标准的环境中,噪声污染将使他们的预期寿命损失数年*。在法国,每天有数百万人暴露在道路的嘈杂声、铁路或飞机的噪声中,不分昼夜。总体来看,根据欧洲环境署的统计,噪声污染导致欧洲每年有超过10 000人过早死亡。毫不夸张地说,城市噪声正在夺走我们的生命……

一座沉默的山

如何对抗噪声带来的有害影响?你可能已经猜到了,那就是安静。大脑需要安静的环境来恢复和充电。最好的方法就是与宁静的大自然重新建立联系,从而调整生物钟。因此,我们需要重新审视人与山川的联系。这些空间远离城市中高分贝的噪声污染,为疲惫的大脑提供了恢复性静默。

不仅如此,外在的安静还是实现另一种形式的安静——内在安静的必要条件。当我们置身于广阔的空间或凝望秀丽的山川(图11.1)时,眼前的美景让我们屏息凝神,心中持续的杂音减少,甚至会忘却自我。正如我在上一本书**中详述的那样,这种对安静的追求是人类对人文和生命的本质的探索。法国布列塔尼诗人吉耶维克(Eugène Guillevic)的诗句极其精彩地描绘了这一内心探索的过程:"静默/是唯一的

---

* Association Bruitparif, juin 2016.

** M. Le Van Quyen, *Cerveau et Silence*, Flammarion, 2019.

声音/它让你回归自我/并使你心胸开阔。"*山川为探索自我提供了一个
理想的环境。当你在山中徒步旅行时,这些益处还会更加显著。法国
人类学和社会学家勒布雷顿(David Le Breton)在出版《沉默》(*Du Si-
lence*)** 一书后又出版了《漫步礼赞》(*Éloge de la Marche*)***,这并非偶
然,因为行走即沉默和倾听。

空气疗法

走在山间时,我们尽情呼吸! 当我们聊到山的时候,确实很难不提
及那里的空气质量。在高海拔地区,空气始终是清新的,这与城市中的
空气形成鲜明对比。尽管高山地区的臭氧浓度逐渐上升,但所有其他
常见的大气污染物如氮氧化物、硫氧化物和细颗粒物的含量都非常低,
几乎可以忽略不计。"去山里呼吸新鲜空气吧!"这句老生常谈如今却显
得极为适用。

此外,山中的空气有利于红细胞的生成。因为空气中的氧气浓度
随着海拔的升高而降低,为了确保身体的最佳氧合作用,血液中红细胞
的浓度会增加:这使得肌肉也获得了更好的氧合作用,从而提高了肌肉
性能。这也是顶级运动员前往山中训练的原因。无论是法国足球队、
橄榄球队还是田径运动员,总之所有的高水平运动员都知道在高海拔
地区训练的好处。

另外,高山的"好空气"也深深扎根于集体记忆中。它的历史可以
追溯到19世纪。当时,为了治疗肺部疾病,尤其是彼时最致命的肺结
核,医生会建议患者前往高海拔的山区疗养。到了20世纪初,这一疾

---

* 法语原文为:*Le silence / Est le seul bruit / Qui te ramène à toi / Et te dilate.* ——
译者

** D. Le Breton, *Du Silence*, Métailié, 1997.

*** D. Le Breton, *Éloge de la Marche*, Métailié, 2000.

病仍在肆虐,全球超过1000万人因此丧生。在抗生素发明之前,医学对此完全束手无策。在缺乏治疗手段的情况下,人们认为亲近自然环境、远离城市和工业污染应该有助于恢复健康。于是,世界各地的肺结核患者涌向高海拔地区进行疗养。因此,当海边开始出现疗养所的时候(见第三章),山中也开始有了首批疗养院,让患者能每天呼吸新鲜空气。在那个年代,与肺结核斗争是一项名副其实的全国性事业,仅法国在1900—1950年间就建造了250座疗养院,直至抗生素将这种疾病根除。随后,大多数的疗养院都关闭了,如今它们只能唤起人们对这段遥远的医疗历史的回忆,混杂着"新鲜空气""气候疗养""卫生主义"的概念。

然而,如今山间的空气再次受到推崇。随着城市中细颗粒物的浓度屡创新高,只有登高才能稍微远离这种污染,更何况我们尚未完全了解其对健康的影响。根据法国公共卫生署2016年进行的一项评估,每年约有48 000人因城市空气污染而死亡*。

静默疗法

让我们回到安静的话题。即便是微弱的背景噪声,一旦持续,也会使人的大脑无法放松警惕,感到疲惫。可以预料到的是,噪声带来的一个主要的心理问题是睡眠障碍。噪声会妨碍入睡,当噪声水平在45—55分贝时,会导致睡眠质量欠佳,超过55分贝,人会在夜间频繁醒来。这些干扰对大脑有重大影响。

此外,睡眠障碍会导致前额皮质活动减少,而这一区域与规划和决

---

* "Impacts sanitaires de la pollution de l'air en France: nouvelles données et perspectives", 2016 (www.santepublique-france.fr/presse/2016/impacts-sanitaires-de-la-pollution-de-l-air-en-france-nouvelles-donnees-et-perspectives).

策密切相关。如果这一区域不够活跃，无法对未来进行规划，那么我们就会有一种"精疲力尽"和无法启动新项目的感觉。此外，睡眠障碍还会导致前额皮质对其他脑区（如杏仁核）产生的情绪反应的解读能力下降。个体变得难以应对自己的情绪，无法作出相应的决策或调整自己的行为。与此同时，研究人员还观察到，与同理心、同情心和自爱相关的大脑回路活动减少（特别是在后扣带回）。简而言之，睡眠障碍会对人的心理产生严重的不良影响。

相反，山中的静默疗养能让大脑重新焕发活力。我们知道，神经细胞很容易受到侵害，而成人大脑的再生能力非常有限。然而，大脑中仍有少数区域能够在人的一生中持续产生新细胞（即成人神经发生）。海马就是具有这种能力的一个区域。正如我们在第三章中所述，该区域与学习和记忆密切相关。因此，在海马中生成新的神经元对记忆有直接的益处。

在这一背景下，德国科学家研究了安静的环境对海马中神经发生的影响*。在这项于2013年发表的研究中，研究人员将一部分小鼠每天置于无声的环境中2小时。实验结束后，研究人员进行了测试，以查看这些小鼠的大脑是否发生了变化。结果令人十分惊讶：与对照组的小鼠相比，这些在安静的环境中待过的小鼠，其海马中明显生成了更多的新细胞！

尽管这项研究是在小鼠体内进行的，但在人类身上很可能也存在类似的现象，因为人类的大脑在生理上与小型啮齿类动物的大脑非常相似。这一发现可能具有非常重要的治疗应用价值，因为像阿尔茨海

---

* I. Kirste, Z. Nicola, G. Kronenberg, T. L. Walker, R. C. Liu, G. Kempermann, "Is silence golden? Effects of auditory stimuli and their absence on adult hippocampal neurogenesis", *Brain Structure and Function*, 220, 2015: 1221−1228.

默病这样的疾病就与海马细胞的退化有关。

这大概就是瑞士人法瑟（Wolfgang Fasser）的直觉吧。因患有某种遗传病，他在22岁时双目失明，但他把自己的缺陷转化为一种优势，发展出对声音景观的听觉能力。他生活在意大利的托斯卡纳地区，这里有壮丽的卡森蒂诺山谷。根据他在山间漫步的经历，他发展出了一套利用声音和沉默来治疗残疾儿童的方法，尤其是那些患有脑损伤或行为障碍的儿童。这种治疗手段取得了独特的效果，为此，人们还制作了一部纪录片*。

目前，这类研究仍处于起步阶段，但可以肯定的是，安静对大脑的益处比我们想象的要大得多。也许在未来，安静本身，特别是山中的寂静，可能会成为某些精神疾病或神经疾病的治疗工具。

---

* N. Bellucci, *Dans le Jardin des Sons*, 2009.

第十二章

仰望星空

回想一个美丽的夏夜。晚餐后,你出门片刻,想看看星星。一开始,你并不能看得很清楚,因为你的眼睛需要适应黑暗。你的瞳孔会扩张,直径增大4倍以让更多的光线进入。另外,眼睛还需要启动一些特殊的感光细胞,即对弱光更敏感的视杆细胞。人的眼睛通常需要15—30分钟才能完全适应黑暗环境。此时,视力由正常的光视(即光明环境下的视力)转变为夜视。

人在夜间很难辨别颜色,因为此时我们只有一种类型的视杆细胞起作用,而在白天我们有3种类型的视锥细胞来确保三色视觉(见第六章)。因此,有一句著名的谚语:"夜晚,所有的猫都是灰色的。"然而,即使没有颜色,在没有月亮也没有光污染的夜空中,裸眼也能分辨出大约2000个小光点。在历史上,人类不得不耐心地观察这些光点,并逐渐理解为何在他们头顶会上演这场壮观的星空芭蕾。

让星星转动的大脑

著名德国博物学家、探险家洪堡(Alexander von Humboldt)就是一个热衷于观察夜空的人。1799年,他在书中记录了一个让他感到困惑的现象:当他观察星星时,某些星星似乎以一种抖动的方式表现出不规则的移动(德语称之为 Sternschwanken,即星辰波动)。洪堡不知道这背后的确切原因,而我们也直到很久之后才明白,其实这是一种视错觉:不是星星在移动,而是观察者的大脑在某种意义上发生了移动。这种对移动的错误感知,本质上源于非自愿的眼球运动*。

实际上,当我们将一个静止的光源投射到一面黑色的墙上时,也会出现相同的振动效果:这个光源似乎在移动(大家可以用下方的图12.1试验一下)。这就是所谓的游动效应(autokinetic effect)。就像我们在第六章中讨论颜色时强调的那样,大脑的特性之一是它经常会混淆自身的内部构造和来自外界即"现实"的消息。因此,当我们观察星星时,由于眼球的缓慢偏移,星体的成像会在视网膜上发生移动,但大脑的视觉皮质将其理解为观察对象在移动,而不是眼球在颤动。由于缺乏参考系,大脑无法准确地判断物体的相对位置,因此产生了错误的理解。这个效应在光点亮度较弱时更为明显。更令人吃惊的是,美国心理学

图12.1 靠近这张图片并盯着白点观察30秒,你就会发现这个白点以它的圆点为中心在微微颤动,这正是当我们观察星星时会产生的视错觉,即游动效应

---

* M. Poletti, C. Listorti, M. Rucci, "Stability of the visual world during eye drift", *The Journal of Neuroscience*, 30(33), 2010: 11 143–11 150.

家谢里夫（Muzafer Sherif）通过实验*证明，游动效应会因暗示的力量而增强：如果一个人声称某个光点在移动，其他人就会更明显地感觉到它在移动。与我们设想的相反，准确地观察星星而不偏离它们的客观事实，其实并不那么简单。

一次令人眩晕的面对面

从各种意义上来说，观察星星让人晕头转向，而且在今天，当我们意识到宇宙的浩瀚后，这种眩晕感可能更加明显。在很长的一段时间里，人们都无法测定恒星与地球之间的距离。我们知道它们很遥远，但不知道具体有多远，这对于自认为对自然无所不知且觉得自己是宇宙中心的人类来说，是相当令人不安的。那你知道人类何时首次计算出了其中的一个距离吗？它是由德国天文学家贝塞尔（Friedrich Wihelm Bessel）在1838年算出的。作为柯尼斯堡天文台的台长，他选择了天鹅座的一颗恒星作为研究对象，通过复杂的计算，估算出其与地球的距离约为100万亿千米，即10.4光年（这个估算非常接近实际值，目前最新的估算结果为11.2光年）。

那么整个宇宙呢，你知道它有多大吗？为了定位最遥远的天体，天体物理学家利用光的红移现象进行测量：天体越遥远，其发射和吸收光谱中的谱线就越向波长较长的方向移动，即向红光方向移动。通过这种方法，目前人类能检测到的最远光源距离地球大约有456亿光年。这就是著名的宇宙微波背景辐射，它是宇宙学家能够探测到的世界上最古老的光。但是，谁知道呢，也许（甚至很可能）在这个被称为宇宙视界的距离之外，还有恒星存在？假使有的话，它们的光还没来得及到达

---

* M. Sherif, "A study of some social factors in perception: Chapter 2", *Archives of Psychology*, 27(187), 1935: 17–22.

地球,这意味着我们还无法探测到它们的存在。科学在研究无限大的宇宙时,仍然面临着"尺度"上的困境,因为空间无法被视为一个可测量和可感知的范围。

由于人的感官和测量工具无法准确把握这些难以想象的距离,所以宏大的宇宙仍然是知识难以穿透的领域。对于一些人来说,这种未知带来了焦虑和眩晕感:"无限空间的永恒沉默使我感到恐惧",法国思想家帕斯卡(Blaise Pascal)在《苦难篇》(*Misère*)中这样说。早在他之前,其他思想家也表达了他们在观察宏大宇宙时所感到的不安,特别是奥古斯丁(Aurelius Augustinus),他在《论诗篇》(*Commentaires Sur Le Psaume*)中坦言道:"你抬头望向天空,被恐惧震撼[……]你俯视整个大地,你不禁感到战栗。"宇宙对我们来说仍然是不可理解的,这导致焦虑和对虚无的恐惧,类似于在狭小的空间中所感受到的窒息。

最可悲的也许是,人类不仅在宇宙面前显得微不足道,而且宇宙对人类的存在几乎也毫不知情,换言之,它对人类的存在漠不关心。在过去的400年里,人类惊恐地发现,自己的存在只是一个偶然,是"宇宙中无家可归的人",漂泊在一颗平凡的小行星上,而且这颗行星还处于宇宙里一个非常普通的星系的边缘。法国耶稣会牧师、古生物学家、哲学家夏尔丹(Pierre Teilhard de Chardin)恰如其分地描述了这种沮丧:"我意识到自己处于一个成功的世界的中心是极其不可能和不现实的,这让我感到晕眩。"[《神的氛围》(*Le Milieu Divin*),1926]

但对人类存在的偶然性的认识只是我们从观星中获得的一部分经验。天体物理学家卢米内(Jean-Pierre Luminet)在他的博客*中提及了意大利自然科学家布鲁诺(Giordano Bruno)在16世纪采取的观星方法。

---

* J.-P. Luminet, "Hommage à Giordano Bruno: l'ivresse de l'infini", 2020 (https://blogs.futura-sciences.com/luminet/2020/02/17/hommage-a-giordano-bruno-livresse-de-linfini/).

在没有折射望远镜也没有反射望远镜的情况下,这位修士运用了最出色的工具来观察宇宙,那就是人类的精神。他的想象力让他得出一个结论:宇宙不仅巨大,而且无顶无底,无中心无边缘。布鲁诺因此体验到了无限的概念。

布鲁诺在他的著作《论无限、宇宙和诸世界》(*De l'Infini, de l'Univers et des Mondes*)中肯定道:

> 没有任何目的、条件、限制或墙壁可以阻挡和终止事物的无限丰富。正是这种无限丰富使大地和海洋变得富饶;也正是这种丰富让太阳的光辉得以永恒闪耀[……],因为无限能不断地创造出丰富的新物质。

布鲁诺所指的无限不仅仅是宇宙的空间延伸,还在于整个大自然的创造力。真是非凡的直觉!

但对于那个时代来说,这种看法无疑是异端邪说。在贯穿整个欧洲的16年旅程中,布鲁诺积极捍卫了无限宇宙及多重宇宙的理念。他引发了一场真正的科学革命,冲击了当时人类拥有宇宙的观点。不幸的是,他的勇敢导致了他的悲剧结局:在当时的基督教教义中,思考多重宇宙的存在被视为对神明的亵渎。只因想象了宇宙的无限,布鲁诺于1600年2月17日在罗马的鲜花广场(Campo dei Fiori)被处以火刑(Campo dei Fiori意为花田, 这个地方的名字如此美丽,却见证了如此可怕的历史)。

内在联系

布鲁诺当时还不知道的一件事是,人体内也有一个无限宇宙,那就是我们的大脑,它的复杂性也是无限的。要知道,人类的大脑被认为是最复杂的物体。这个器官虽然仅重约1.5千克,却包含了不下1000亿个神经元(以及4倍多的神经胶质细胞),这些神经元通过数百万千米的轴突（即神经元之间的长突起）和1000万亿个突触相互连接。这是一个真正的微观生物宇宙，其复杂程度难以想象。

无垠的宇宙和无限复杂的大脑之间是否存在联系？近期，两位意大利研究人员发现了人类神经网络的配置与可观测到的星系整体配置之间的相似性*。尽管这两个网络在规模上相差了10^{27}倍（即1后面跟着27个0！），并且受不同的物理定律的支配，但它们共享某些特征，例如组成部分的数量：人的大脑中有1000亿个神经元，宇宙中大约也有这么多星系。

两个网络组成部分之间的连接在分布上也有相似之处。事实上，在两个系统中，神经元和星系都是通过长纤维和结点相互连接而形成一个极其复杂的网络的。这种架构的特点是相邻元素（神经元或星系）之间存在多个局部连接，较远的元素之间则通过若干条大束纤维连接。在研究人员看来，这种结构上的相似性并非巧合。定量对比表明，可能是相同的过程导致了这些结构的自我组织。

更确切地说，神经网络和宇宙网络中同时存在的组织类型接近于物理学家所熟知的"小世界"（small world）模型**。这是一种网络结构，它在信息传输高效的随机组织与连接密度高（以结点或枢纽的形式）的局部组织之间取得了折中。

多项研究证实，这种组织类型在自然界的许多复杂网络中普遍存在***。但请放心，我无意声称宇宙是一整个大脑。这些类比也不是泛

---

* F. Vazza, A. Feletti, "The quantitative comparison between the neuronal network and the cosmic web", *Frontiers in Physics*, 8, 2020.

** D. J. Watts, S. H. Strogatz, "Collective dynamics of 'small-world' networks", *Nature*, 393(6684), 1998: 440–442.

*** O. Sporns, J.-D. Zwi, "The small world of the cerebral cortex", *Neuroinformatics*, 2(2), 2004: 145–162.

灵论的证据，即认为意识元素存在于每个层级、每个子系统以及整个宇宙的理论。然而，这些结果确实令人惊讶：它们表明，在非常复杂的系统的组织中有一条共同的规律。这个普适的组织结构很有可能就存在于我们的大脑中！

你可能会说，这只是一个类比。但这种巧合令人不解，并为像里夫斯（Hubert Reeves）这样的"形而上学"天体物理学家提供了又一个论据，他认为，如果我们存在于宇宙之中，那么宇宙也在我们体内*。事实上，我们在几十年前就已经知道，构成人体分子的大部分元素（碳、氮、磷、氧等）都是通过恒星中心发生的核聚变形成的，并在恒星消失后散布到太空中。我们实际上是由"星尘"组成的，它们聚集形成地球物质，成为生物发展的基础元素。那么，大脑难道就不能是这段历史的承载物吗？也许在大脑中就保留着这些痕迹？

又或者，在观星的美学体验中，在宇宙机制与自身结构的相似性面前，大脑感受到了一种镜像效应？这个想法与夏尔丹曾写过的最美丽的句子之一产生了意想不到的共鸣：

> 我意识到我身上承载着比我自己更伟大和更必要的东西；它先于我存在，也会在我消失后继续；它让我在其中，却永不会被我耗尽；它让我从中受益却不肯让我成为主人。

无论如何，通往无限大的窗口在带来深刻的疑问的同时，也带来了巨大的快乐。诚然，我们的大脑需要阳光（见第五章），但星夜的黑暗也能给它滋养。这正是布鲁诺在几个世纪前曾有过的体验，也是现在我们每个人在日落后就能享受的时刻：走到窗前，与宇宙相连。在黑暗中，记住我们因身在此处而获得的珍贵礼物：欣赏无限并感受它的气息。

---

* "Neuroplanète 2020: des cerveaux dans l'Univers", *Le Point*, 2020（www.lepoint.fr/video/neuroplanete-2020-des-cerveaux-dans-l-univers-06-03-2020-2366026_738.php#）.

◆ 第十三章

结语:走出自我

　　大自然及其对人类的保护和影响是当代社会关注的焦点。新冠疫情进一步强化了这些问题。正如法国国家自然博物馆生态学教授克莱若(Philippe Clergeau)指出的,隔离措施让我们深刻地意识到"对自然的渴望源自内心深处,是一种本能的需求"*。我十分认同这一观点。

　　尽管人们对人与自然间的深层联系越来越感兴趣,但令人惊讶的是,这方面的研究最早只能追溯到20世纪80年代。虽然我们现在可以明确地说,而且从科学上也可以证明,自然对人类是有益的,但理性地解释这种积极的感受有时非常困难。

　　基于对当前研究的回顾,本书的目的在于阐述人与自然接触时大脑中发挥作用的某些机制。让自己在绿意中放松一会儿,就可以刺激特定的大脑回路,带来身体和心理上的幸福感。哪怕只是短短几分钟甚至几秒钟的停留,也足以感受到自然带来的这些效益。

一种体验,两种理论

　　为什么我们在面对自然时有如此多的情感? 正如我们在前文中所

---

　　* V. Delourme, "Ce que le confinement a souligné profondément, c'est une envie de nature", blog Enlarge Your Paris, 14 mai 2020.

述,研究人员提出了两种解释。第一种是由美国生物学家威尔逊提出的亲生物性理论。该理论认为,人的大脑在数百万年的时间里与自然同步进化。我们喜欢自然,因为我们学会了去欣赏那些长期以来有助于生存的事物。这一渊源解释了为何与人类起源环境相近的环境中,有部分特征要素仍然对我们有巨大影响:有水存在、没有噪声、存在可利用的开阔空间、昼夜交替等。我们可以通过与引入动物园的动物进行类比来阐述上述影响。为了让动物能够正常生活,需要为它们提供最接近其原始环境的条件。对人类来说,可能也是如此。进化赋予大脑特定的回路,让人能够快速、本能而下意识地识别出那些人类赖以生存的自然元素。

另一种也很有说服力的解释是:自然通过人类对它独特的关注方式带给人益处。这就是所谓的注意力恢复理论(attention restoration theory),由心理学家蕾切尔·卡普兰和斯蒂芬·卡普兰(Stephen Kaplan)提出*。的确,自然元素会让人把注意力集中在环境上,促使我们停止反复回想那些往往是负面的想法。这一切无须强烈的刺激。

想一想树枝的缓缓摇曳、水的潺潺流动和风的细细低语。这个观察自然的过程无须我们做出任何特别的努力就能启动。这种温和且不自觉的吸引让人的认知能力得以休息,有助于恢复集中注意力和清晰思考的能力。因此,仅仅只是看到自然元素就能让我们平静下来、降低心率、减少反复思考负面想法、增强免疫力并提高注意力。

诚然,这两种理论无法解释一切,且存在很多不足之处,但我们无意进入一场关于先天与后天概念的哲学辩论,直到今天,科学家也很难验证或否定其中任何一种观点。此外,尽管这些解释有一定的道理,但

---

* S. Kaplan, "The restorative benefits of nature: Toward an integrative framework", *Journal of Environmental Psychology*, 15(3), 1995: 169–182.

它们仍然是片面的,因为它们是从一个非常特殊的角度来看待人与自然的关系,即从科学的角度,而这种角度在实践上强调的是客观性和距离感。正因如此,我认同由法国哲学家弗勒里(Cynthia Fleury)和生态学家普雷沃(Anne-Caroline Prévot)提出的反思,她们对人类在生态危机面前的被动性提出质疑:"光知道显然是不够的。我们需要去经历、去体验。"*

仅靠知识去剖析所有从外部可观察到的或可测量的机制,不足以充分表达人与生物之间的深层关系。在我看来,也正如我在本书中一直强调的,我们首先应该通过感官亲身感受每个特殊的环境,去体验自然。在进行任何的科学解释之前,每个人都应该先亲身体验。

亲密联系的结果

我们很容易忘记一点,自然不是一个普通的环境,它不是一个简单的背景或一场我们被动观看的演出。将人类视作与周围外部"客体"分离的"主体"的看法是错误的。这种看法认为,一边是人的身体、思想、情感、智力等,另一边是人类生活的环境,一个没有人类的、统一的和中立的空间;两者泾渭分明。不,事实并非如此,而且科学界对此看法一致!

个体与其环境之间的联系不能用二元论的术语,如外部与内部、自我与非自我来解释。对此,最好的例子是微生物群(见第十章):人与存在于人体内和体外的数十亿微生物共生。我们浸润在一个全球生态系统中,这个系统侵入所有人并成为每个人自身不可分割的一部分。因此,自我与非自我分离的概念已不再具有相关性,并且根据这些近期的认识,生命是生物连续性的产物,它早已超越了我们自身。

---

* C. Fleury, A.-C. Prévot, *Le Souci de la Nature*, CNRS Éditions, 2017.

归根结底,即使现代人生活在一个人工的城市环境中,也从未完全与自然隔绝。哪怕我们对自然毫无兴趣,我们体内仍保留着一段漫长的共同历史。生物钟就是一个例子,它深植于人的基因中,负责调节睡眠、食欲、警觉性和情绪(见第八章)。由于这份生物遗产,自然不仅在我们之外,它还始终存在于我们体内。在我们的内心深处,只要看到一些简单的自然元素,比如水、植物、动物甚至几颗星星,我们就能立刻感受到内心的跳跃和触动。

抛开拘束

在我看来,沉浸式的自然体验本质上是身体的而非脑力的。但仅仅表达自己的感受或情感并不足以让我们与自然自动连接。这只是第一步。对于某些在与自然接触时追求强烈感受的人来说,这可能构成了一种错觉。这些“自然主义”行为背后的很多动机都是享乐主义,它们带来的满足感往往非常肤浅。

实际上,与自然连接不需要什么壮观的场景,它需要的反而是长久留在心中的那些微不足道的聆听时刻,由你去寻找蕴含这些时刻的宝盒:在公共花园中,在一个远离喧哗的广场的几棵树下,或是在布满植物的露台上,这些地点构成了城市中的静谧角落,即便周围都是噪声,每个人也能在此处享受自然的宁静并找回自我。再强调这点:自然指的不是那些只属于少数爱好者的超凡风景,不是那些专属于某些人的空间抑或充满异国情调的地方。哪怕只是看到一处绿色,或者到森林中散个步,每个人都能感受到自然带来的初步益处。

为此,我们需要学会倾听自然,让它来到我们身边,让自己沉浸在其带来的多种感受中。画家们对这种多感官的全面体验非常熟悉,因为他们在作画时要试着让感受到的事物自然而然地流露,如此才能将其表现出来(见第六章)。这个过程在很大程度上是在大脑中形成的。

我们已经以颜色为例阐述过这一点,尽管人们倾向于这么认为,但我们所感知到的自然并非自然本身,而是我们与自然相遇的结果。

你知道如何邂逅自然吗?事实上,当人身处自然,例如在树林中时,所感知和感觉到的大部分事物都并未进入意识中,我们需要学会或者说重新学会去倾听和面对生动的自然。与其只满足于观察,不如采取一种更有效的接收方式:让颜色、形状、动作和声音来到我们身边,像沉浸在一种香氛或音乐中那样沉浸在风景散发出的特定氛围和韵律中。景观不再是被观察或被感知的对象,而是被感受和被体验的存在。自然仿佛在世界与自我交汇的共同空间中产生了共鸣。

这一观点并不是哲学家的理论或神秘主义视角下的假说,而是一种真正的科学方法,由多位科学家提出,包括智利生物学家巴雷拉(Francisco Varela)*。在巴雷拉看来,人类的思维远远超出了大脑的范畴,它包括身体及其环境,超越了其生理上的界限。我们的存在并不是孤立的,而是在身体的边界是开放的情况下,通过复杂的交换构成的,这些交换将大脑、身体和环境通过相互影响的循环连接。我们需要在这个框架下理解人与自然的关系。这正是法国哲学家珀蒂芒然(Claire Petitmengin)所捍卫的观点:

> 关键不在于认识、恢复、修复或建立已被视作分离的"人类"与"自然"之间的联系,我们应该在体验自然的过程中意识到二者的统一。**

---

* E. Rosch, E. Thompson, F. Varela, "La couleur des idées", in *L'Inscription Corporelle de l'Esprit. Sciences Cognitives et Expérience Humaine*, Seuil, 1993.

** Claire Petitmengin, "S'ancrer dans l'expérience vécue comme acte de résistance", 微现象学实验室线上会议, 2020.

远观自然

当前，气候剧变迫使人们重新思考人类与非人类之间的关系，在此背景下，这种自然体验显得比以往任何时候都更为重要。关键在于，对生物圈的保护与这种感受自然的能力密切相关。

环保主义者严肃地警告过人们，由于污染、自然资源的过度开采以及动物栖息地的破坏，许多动植物物种正面临大规模灭绝的威胁。据估计，超过一半的生物物种可能会在2100年之前灭绝[*]。然而，生物的灭绝并不是唯一的问题。在关注那些真正受到威胁的动植物的同时，我们往往忽视了另一种可能具有同样灾难性后果的损失：自然体验的丧失。

越来越多的人的生活中仅有"一丝自然的痕迹"[**]。如果没有与自然的联系，个体便会失去与自然世界产生联系的内在能力。一些作者非常准确地描述了这一现象，如美国生态学家派尔（Robert Pyle）就称之为"自然体验的灭绝"[***]或"自然赤字"[****]。

这种情况非常紧迫：自工业革命以来，地球人逐渐远离了自然界。他们的生活不再由太阳调节，而是由公共交通的时刻表或手机闹钟来控制。事实上，随着互联网和其他数字技术的出现，这种情况变得更加严重，使人们与自然环境的亲密接触变得更加遥远。田野和森林正在从我们的生活空间中消失，取而代之的是日益加剧的人造化，我们现在生活在由人类为自己设计和建造的圈子中，与各种各样的动植物的接

---

[*] Agence Science-Presse, "La 6ᵉ extinction", 17 septembre 2007.

[**] R. M. Pyle, *L'Extinction de l'Expérience*, 2016.

[***] J. R. Miller, "Biodiversity conservation and the extinction of experience", *Trends in Ecology & Evolution*, 20, 2005: 430–434.

[****] François Cardinal, *Perdus sans la Nature*, Éditions Québec Amérique, 2010.

触变得越来越罕见。我们最缺乏的,正是这种逐渐减少乃至完全消失的自然体验。

经营一座花园

从长远来看,脱离自然会导致生理和心理失衡,这点十分明确。在城市中,我们生活在一个人类活动高度饱和的环境中,需要时刻集中注意力。在工作中,情况更加糟糕:过高的噪声水平、失去昼夜节律的时间观念、绩效压力以及大量信息的涌入,都不断占据我们的注意力,最终使我们的大脑精疲力尽。

在这方面,美国加州大学尔湾分校马克(Gloria Mark)教授的研究*结果令人震惊。该研究表明,开放式办公室中的员工平均每11分钟就会从一项任务切换到另一项任务,并且在近60%的情况下会被打断!每一次中断,他们通常需要大约25分钟才能重新回到原来的任务上**,而且常常忘记自己之前进行到何处。这些干扰带来了什么后果?人们会出现"认知过载"的情况:大脑难以喘息,感到疲劳和精力枯竭。这不可避免地使人陷入不适和高压的状态。事实上,根据法国企业社会责任观察站(ORSE)2011年发布的数据,70%的管理人员表示正处于这种煎熬状态。

与自然的接触正好可以为上述情况提供一种有效的解决方案。即使在办公室里,我们也总能发现周围一些小型的绿色空间;只要透过窗

---

* G. Mark, V. M. Gonzalez, J. Harris, "No task left behind? Examining the nature of fragmented work", *Proceedings of ACM CHI*, 2005.

** G. Mark, D. Gudith, U. Klocke, "The cost of interrupted work: more speed and stress", *Proceedings of the SIGCHI Conference on Human Factors in Computing Systems*, 2008: 107-110.

户看看绿色就足以抵消工作被打断带来的影响*。因此,站在视野开阔的大窗户前看看外面的自然环境,可以让每个人在精神上短暂放空几秒钟。这种视觉上的"小憩"能够提升员工的幸福感、工作表现和积极性。此外,正如前文所述,大窗户还能让我们接受自然光照,而自然光对情绪和健康有显著的益处。

最后,多项研究证明了在办公室中摆放植物所带来的积极影响。其中规模最大的一项研究是作为"人类空间"(Human Spaces)报告的一部分进行的,该报告探讨了工作环境中的生物亲和性在全球的影响**。研究涉及了分布在16个国家的7600名办公室员工,旨在了解工作环境对员工幸福感的影响。结果十分明确,在有自然元素的环境中工作的员工的幸福感更高,生产率增长了,整体创造力也有所提升。总体而言,当我们在有植物的办公室里工作时,压力较小,工作效率也会更高。即使是像盆栽或风景照这样的小物件,也能带来有益的效果。

鉴于这些研究结果,一门新的学科应运而生:神经建筑学。这门新学科的目标是设计以大脑功能为核心的空间和建筑,以求让居住者感到舒适。它特别关注自然元素的布局,还考虑窗户光线、墙壁角度、颜色、纹理、开放空间和声音等方面。它在设计时充分理解了人的生物亲和性,使得人们在建筑内部也能感到舒适和愉悦。

为学校建一座花园

近期的研究表明,与自然的联系对儿童的身心健康也非常重要。

---

* K. E. Lee, *et al*., "40-second green roof views sustain attention: The role of micro-breaks in attention restoration", *Journal of Environmental Psychology*, 42, 2015.

** C. Cooper, "Human spaces: the global impact of biophilic design in the work-place", 2015.

然而,这方面的情况同样令人担忧。一些报告*指出,多项指标表明,很大一部分儿童正遭受心理健康问题的困扰。

我们该如何唤醒孩子们对自然的亲和性? 首先,父母可以从小就鼓励孩子多接触自然,并增加他们接触大自然的机会,这是因为,与自然的连接感源自童年:人在年幼时与周围景观建立的情感纽带会影响成年后与环境的关系。不幸的是,年轻人与自然的接触一代比一代少。

其次,学校也负有一部分责任。学校应采取措施鼓励青少年尽早走近自然,并定期与自然保持联系。研究表明,在学校环境中,户外活动对孩子的行为有益,能够显著减少他们的攻击性并缓解躁动的情绪。此外,一些研究结果还表明,将户外活动融入教学实践可能有助于提高孩子们的运动能力**,乃至在一定程度上提升他们的学业成绩***。

就算嫌我啰唆,我都要再次强调,仅仅是看一眼绿色景观就足以产生初步的有益效果。因此,确保教室、接待区或食堂有自然环境的视野是至关重要的。当孩子们看向窗外时,他们便有机会进行"恢复性微体验",这能减轻他们的认知疲劳,从而更有效地学习。当然,改善青少年的心理健康并非易事,需要付出大量的努力,对此加以培养。如果我们不采取行动,孩子们的精神运动、智力和情感发展情况就难以得到改善。

---

* Inserm, "Troubles mentaux: Dépistage et prévention chez l'enfant et l'adolescent", 2002.

** I. Fjørtoft, "Landscape as playscape: the effects of natural environments on children's play and motor development", *Children, Youth and Environments*, 14(2), 2004: 21-44.

*** D. J. Bowen, J. T. Neill, "A meta-analysis of adventure therapy outcomes and moderators", *The Open Psychology Journal*, 6(1), 2013: 28-53.

一座疗愈花园

自然景观的功效非常强大,因此也被用于医疗目的。基于上述研究,为患者在医疗中心构建自然景观将有益于他们的康复。

当然,在病房内放置植物和花卉可能会引起感染问题。那何不将它们放在仅几步之遥的室外空间? 这就是疗愈花园(healing garden)的理念。它起源于第二次世界大战后,以帮助在战场上受到严重创伤的英美士兵进行康复。在英美两国获得巨大成功后,如今在北欧国家、荷兰以及一些亚洲国家(如日本和韩国)都有疗愈花园。疗愈花园在法国的发展相对较为缓慢,但它们已经出现在一些养老院和医院中。

2010 年在法国南锡医科教学及医疗中心(CHRU)内,由容沃(Thérèse Jonveaux)博士主导创建的疗愈花园就是一个很好的例子。这座花园为患有神经退行性疾病(如阿尔茨海默病)的老年患者提供了一片绿洲。通过在这个花园中活动,患者可以增强自己的空间和时间感知能力,同时这为他们提供了一个愉悦的环境,有助于刺激感官并调动认知功能。疗愈花园还可作为科学研究场所,用于验证其他研究*,并证明它对患者确实有益。

测量自然

更广泛地说,本书中讨论的所有研究都表明,只有"外部"或"非人类的他者"力量才有可能限制某些环境(如办公室、学校、医院)和现代生活方式的负面影响,而这些环境的强度是个人疲惫的根源。尤其是在城市的日常生活中,与自然的重新联系在我看来至关重要,它让城市

---

*其中的代表性研究由加州大学伯克利分校马库斯(Clare Cooper Marcus)教授开展,她在《疗愈花园》(*Healing Gardens*, John Wiley & Sons, 1999)一书中作了详细描述。

居民的大脑得到恢复活力所需的平静、放松和安抚。

难的是将自然元素以最优方式融入城市中,并对生活空间进行智能设计以提升幸福感,包括打造一间压力较小的办公室、一所提供更好教育的学校或一家有助于康复的医院。目前该领域的研究正在不断增加。

这尤其是我在前文引用过的一篇文章希望实现的目标。这篇文章由来自全球的26位科学家共同撰写,并于2019年发表在《科学进展》杂志上*。文章首先介绍了当前城市中自然环境的积极影响:提升幸福感(积极情绪、快乐、健康的社交互动)、改善能力表现(提高创造力、在学校或工作中的认知能力)和减少心理问题(如心理痛苦、焦虑和抑郁)。

但研究人员没有停留在简单的观察上,他们提出了一种真正的方法,旨在定量评估自然对个体的影响,以提出公共卫生领域的建议,尤其是城市规划方面(图13.1)的建议。由于涉及的机制繁多,有时很难将其主要成分分离出来,因此,研究人员引入了"自然剂量"的概念,用于将不同体验的持续时间、频率和强度与自然联系起来。这一概念虽然不够诗意,但它让定量测量成为可能。简单来说,就是量化自然关系所带来的好处与接收的"自然剂量"之间的关系。

自然绿洲

目前,全球一半以上的人口都是城市居民,地球的生态挑战将在城市中展开。专家们反复强调:自然空间在应对气候变化方面功不可没,尤其是其降温功能,一旦出现高温天气,自然空间就成为城市居民避暑的清凉绿洲。除了应对酷暑,如果我们能在城市规划中系统地引入植

---

* G. N. Bartman, C. B. Anderson, M. G. Berman, *et al.*, "Nature and mental health: an ecosystem service perspective", *Science Advances*, 5(7), 2019: 1–14.

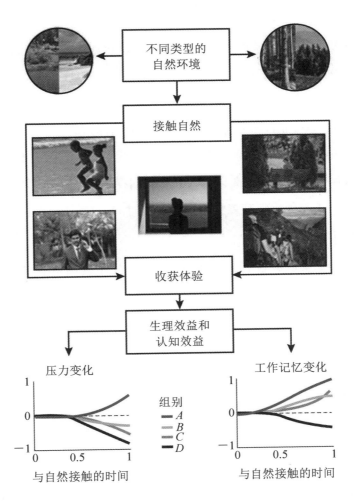

图 13.1 评估城市中自然环境效益的若干建议标准

物,它们还能减少污染(植物能够固定某些污染物)甚至噪声,因为树木能够大量吸收某些频率的声音。

自然能做的远不止这些,这也是我在本书中的主要观点:在飞速发展的城市化进程中,我们迫切需要认识到与自然接触对城市居民心理健康的重要性。就算乡村吸引了一部分人(比如我),但我认为每个人都应该享有在城市里轻松接触大自然的权利。解决的方案包括种植树木、创建城市公园、绿化屋顶和外墙,这些都是社区、建筑师、企业和公民提出的策略,而且越来越多的人愿意为此出谋划策。

因此,一场小规模的变革正在进行,为的是让因过多人工因素而疲惫的大脑焕发新生。很久以前,在美国产业革命时期,梭罗就意识到了这一点。于是他决定到森林中隐居一段时间。在《瓦尔登湖》一书中,他给出了唯一的建议:

> 自然时时刻刻都在爱护你的健康。它没有任何其他目的,别抗拒它的关怀。

图片版权说明

图 1.1：© Shutterstock / Teo Tarras, Christopher Robin Smith Photography, Kenneth Keifer, Elfgradost, Rusya007

图 3.2：© Kateryna Kon / Shutterstock

图 7.1：© Morphart Creation / Shutterstock

图 7.2：BIU Santé médecine – Université de Paris

图 7.4：© Zita / Shutterstock

图 7.5：BIU Santé médecine – Université de Paris

图 9.1：© Rachel Meree / Shutterstock

图 10.1：©Anurak Pongpatimet / Shutterstock

插图：Laurent Blondel / Corédoc

图书在版编目（CIP）数据

大脑与自然：为什么我们需要世界之美 / (法)米歇尔·
黎文权著；杨冉译. -- 上海：上海科技教育出版社，2024.
12. -- (哲人石丛书). -- ISBN 978-7-5428-8321-6

Ⅰ. N49

中国国家版本馆 CIP 数据核字第 2024X37S34 号

责任编辑　陈　也　殷晓岚
装帧设计　李梦雪

DANAO YU ZIRAN

大脑与自然——为什么我们需要世界之美

［法］米歇尔·黎文权　著

杨　冉　译

出版发行　上海科技教育出版社有限公司
　　　　　（上海市闵行区号景路159弄A座8楼　邮政编码201101）

网　　址　www.sste.com　www.ewen.co
经　　销　各地新华书店
印　　刷　上海商务联西印刷有限公司
开　　本　720×1000　1/16
印　　张　10.5
版　　次　2024年12月第1版
印　　次　2024年12月第1次印刷
书　　号　ISBN 978-7-5428-8321-6/N·1236
图　　字　09-2023-0765号
定　　价　42.00元